U0825472

国外优秀食品科学与工程专业教材

食品化学实验指导

（第二版）

〔美〕Connie M. Weaver　James R. Daniel 著

杨瑞金　张文斌　译

中国轻工业出版社

图书在版编目（CIP）数据

食品化学实验指导：第二版/（美）韦弗（Weaver，C. M.），（美）丹尼尔（Daniel，J. R.）著；杨瑞金，张文斌译. 北京：中国轻工业出版社，2009. 1

国外优秀食品科学与工程专业教材

ISBN 978-7-5019-6624-0

Ⅰ. 食… Ⅱ. ①韦…②丹…③杨…④张… Ⅲ. 食品化学-实验-高等学校-教学参考资料 Ⅳ. TS201. 2

中国版本图书馆 CIP 数据核字（2008）第 148174 号

Authorized translation from English language edition published by CRC press, part of Taylor & Francis Group LLC.

责任编辑：伊双双　秦　功

策划编辑：李亦兵　伊双双　　责任终审：滕炎福　　封面设计：锋尚设计

版式设计：王培燕　　责任校对：吴大鹏　　责任监印：张　可

出版发行：中国轻工业出版社（北京东长安街 6 号，邮编：100740）

印　　刷：三河市万龙印装有限公司

经　　销：各地新华书店

版　　次：2009 年 1 月第 1 版第 1 次印刷

开　　本：787×1092　1/16　　印张：8

字　　数：167 千字

书　　号：ISBN 978-7-5019-6624-0/TS · 3856　　定价：19. 00 元

著作权合同登记　图字：01-2007-0837

邮购电话：010-65241695

发行电话：010-85119845　传真：85113293

网　　址：http://www. chlip. com. cn

Email：club@ chlip. com. cn

如发现图书残缺请与我社邮购联系调换

201560J1C104ZYW

译者的话

近年来，在围绕提高学生的创新与实践能力的教学改革中，实践教学得到不断加强。在不少院校，食品化学实验已作为一门独立的课程进行开设，而且其教学学时与食品化学理论教学学时基本持平。但是，相对于食品化学理论教学教材，国内外食品化学实验教材和参考书都比较少。

美国普渡大学食品和营养系主任 Connie. M Weaver 教授长期从事食品化学的教学工作，因其在教授食品化学教学方面的贡献获得普渡大学的杰出授课奖。他和 James Daniel 副教授编写的这本食品化学实验指导很好地阐明了一些食品化学理论课所讨论的重要的食品加工和保藏过程中的化学和物理学的原理，所设计的实验基本涵盖了食品化学各部分的主要内容，有助于学生加深食品化学理论知识的理解，了解和掌握食品研究的方法、仪器和设备。更可贵的是，该书比较系统地介绍了进行实验设计、开展实验、做好实验记录、总结和报道实验结果等的方法和途径，这对培养学生的创新思维，掌握实验技能，提高学术研究与交流能力非常有益。本书可作为高等院校食品学科和相关学科的本科生、研究生的实验教材或参考书，也可为其他科研人员提供参考。

江南大学食品学院的研究生刘芳和谢阁为本书的翻译做了大量的工作，在此深表感谢。

杨瑞金　张文斌

前　言

设计这本实验教材的目的是为了阐明一些理论课上讨论的化学和物理学的原理。经过这些实验应该可以让学生更详细地了解食品研究中的方法和设备，而且会提供机会让学生熟悉报道食品研究结果的主要刊物。学生将学习如何做好实验记录，并且将更加熟悉设计、执行和报告研究方案的原理。

学生应在课前阅读实验步骤，以便更有效地进行实验操作和明白所得实验结果的原因。在实验室必须穿着干净的制服或者实验服。做感官评定时头发必须扎起。实验完毕后所有的仪器要洗净放好。

发生实验事故时，必须立即向指导老师汇报。实验室要放置二氧化碳灭火器，并且要求学生会使用它们。起火时不能存在侥幸心理，要使用灭火器来灭火。

感谢 Karen Jamesen 为果胶实验提供的帮助，感谢 Elton Aberle 和 John Forrest 对肌红蛋白实验的帮助。

C. M. Weaver
印第安纳州西拉斐特市
J. R. Daniel
印第安纳州西拉斐特市

作　者

Connie M. Weaver 博士，美国印第安纳州西拉斐特市普渡大学食品和营养系教授、系主任。1978 年进入普渡大学，1991 年成为该系的系主任。

Weaver 博士在俄勒冈州长大，她的三个学位均为食品科学与人体营养专业，辅修是化学和植物生理学。她在俄勒冈州立大学获得了学士和硕士学位，在佛罗里达州立大学获得了博士学位。

Weaver 研究的是对人体健康有重要影响的矿物质。目前的项目包括：① 食品中无机物的化学形式；② 无机物的生物利用率；③ 钙在青少年体内的新陈代谢；④ 运动和年轻女性的骨质量；⑤ 运动和年轻女性体内的含铁状况。Weaver 博士已发表的研究论文及书的有关章节共计 150 多篇，她的许多研究被国家健康学会（NIH）、美国农业部（USDA）和许多商品与工业组织予以奖励。

由于在教授食品化学方面的贡献，Weaver 博士被授予普渡大学的杰出授课奖和学院的 Mary L. Matthews 授课奖。她既是一名科学讲座者，也是美国食品工艺师学会（IFT）的执行委员，还是美国营养科学部的前任部长及国际生命科学协会的理事。她担任了《美国临床营养》、学术出版社《食品科学与技术丛书》、《食品与营养研究进展》的编委。Weaver 博士是美国化学会、美国科学进展学会、实验生物与药物学会、美国骨质与矿物研究学会的会员，也是美国营养学院的成员。

Weaver 和 Daniel 博士合著了《食品化学：原理与应用》中的“功能性碳水化合物”一章，于 2000 年由科技系统出版社出版。Weaver 博士还与 Helen Charley 合著了《食品：一种科学方法》第三版，此书于 1998 年由 Prentice - Hall 出版社出版。

James Daniel 博士，印第安纳州西拉斐特市普渡大学食品与营养系副教授。1980 年进入该校。

Daniel 博士在堪萨斯州长大，学位均为化学专业。他在堪萨斯州师范学院（现在的恩波利亚州立大学）获得学士学位，在得克萨斯州 A & M 大学获得博士学位。

Daniel 博士的研究领域是碳水化合物，具体包括来源于低分子质量碳水化合物的低热量蔗糖取代物、来源于高分子质量碳水化合物的低热量脂肪取代物、发现和利用食品胶来控制食品的质构以及食品中的美拉德褐变。Daniel 博士发表的研究论文和书籍章节计 35 篇之多。Daniel 博士是 IFT 成员，并与 Weaver 博士合作完成了《食品化学：原理与应用》一书中“功能性碳水化合物”一章，该书于 2000 年由科技系统出版社出版。

目　　录

1 文献来源

摘要与索引

农业索引（Agriculture Index，AI）
应用科技索引（Applied Science and Technology Index，ASTI）
生物学摘要（Biological Abstracts，BA）
化学文摘（Chemical Abstracts，CA）
食品科技文摘（Food Science and Technology Abstracts，FSTA）
科学引文索引（Science Citation Index，SCI）

期刊与杂志

食品研究进展（Advances in Food Research）
农业和生物化学（Agriculture and Biological Chemistry）
美国蛋品和禽类综述（American Egg and Poultry Review）
美国水果栽培（American Fruit Grower）
美国马铃薯杂志（American Potato Journal）
面包师文摘（Baker's Digest）
加拿大食品科技学会会刊（Canadian Institute of Food Science and Technology Journal）
碳水化合物聚合物（Carbohydrate Polymers）
碳水化合物研究（Carbohydrate Research）
纤维素化学与技术（Cellulose Chemistry and Technology）
谷物化学（Cereal Chemistry）
谷物食品世界（Cereal Foods World）
食品化学（Food Chemistry）
食品工程（Food Engineering）
食品产品开发（Food Product Development）
食品技术（Food Technology）
家庭经济学研究杂志（Home Economics Research Journal）
农业与食品化学杂志（Journal of Agricultural and Food Chemistry）
美国公职分析化学家协会会刊（Journal of the Association of official Analytical Chemists）
动物科学杂志（Journal of Animal Science）
美国膳食协会杂志（Journal of the American Dietetic Association）
乳品研究杂志（英国）[Journal of Dairy Research（British）]
食品生物化学杂志（Journal of Food Biochemistry）
食品工程杂志（Journal of Food Engineering）

食品保护杂志（Journal of Food Protection）
食品科学杂志（Journal of Food Science）
植物性食品杂志（Journal of Plant Foods）
食品与农业科学杂志（Journal of the Science of Food and Agriculture）
肉类科学（Meat Science）
禽类科学（Poultry Science）
美国园艺科学协会学报（Proceedings of the American Society of Horticultural Science）
速冻食品（Quick Frozen Foods）
美国蛋品与家禽杂志（United States Egg and Poultry Magazine）
世界家禽科学杂志（World Poultry Science Journal）

进展与评论

碳水化合物化学进展（Advances in Carbohydrate Chemistry）
胶体科学进展（Advances in Colloid Science）
酶学进展（Advances in Enzymology）
食品研究进展（Advances in Food Research）
脂质研究进展（Advances in Lipid Research）
农业学会评论（Agricultural Institute Review）
美国乳品评论（American Dairy Review）
美国蛋品与家禽评论（American Egg and Poultry Review）
食品科学与营养评论（Critical Reviews in Food Science and Nutrition）
营养学摘要和评论（Nutrition Abstracts and Reviews）
食品科学最新进展（Recent Advances in Food Science）

综述

Amerine, M. A., Pangborn, R. A., and Roessler, E. B., *Principles of Sensory Evaluation of Food*, Academic Press, New York, 1965.

A.O.A.C., *Official Methods of Analysis*, 17th ed., Association of Official Analytical Chemists, Washington D.C., 2002.

ASTM Committee E－18, *Guidances for the Selection and Training of Sensory Panel Members*, STP 758, American Society for Testing and Materials, Philadelphia, 1981.

Bennion, M., *The Science of Food*, Harper & Row, San Francisco, 1980.

Bourne, M. C., *Food Texture and Viscosity: Concept and Measurement*, Academic Press, New York, 1982.

Charley, H., *Food Science*, 2nd ed., John Wiley Sons, New York, 1982.

Charley, H. and Weaver, C. M., *Foods: A Scientific Approach*, Merrill/Prentice Hall, Indianapolis, 1998.

Christen, G. and Smith, J. S., *Food Chemistry: Principles and Applications*, Science Technology Systems, West Sacramento, CA, 2000.

Cohen, S. H., *Studies of Food Microstructure*, Scanning Electron Microscopy, Chicago, 1982.

Critical Reviews in Food Science and Nutrition (journal).

DeMan, J. M., *Principles of Food Chemistry*, 3rd ed., Aspen Publishers, Gaithersburg, MD, 1999.

Dickenson, E., *Colloids in Food*, Applied Science Publishing, New York, 1982.

Feeney, R. E. and Whitaker, J. R., *Modification of Proteins: Food Nutritional and Pharmacological Aspects*, Advances in Chemistry Series No. 198, American Chemical Society, Washington, D. C., 1982.

Fennema, O. R., *Food chemistry*, 3rd ed., Marcel Dekker, New York, 1996.

Finley, J., *Chemical Changes in Food During Processing*, AVI Publishing, Westport, CT, 1985.

Francis, F. and Clydesdale, F. M., *Food Colorimetry*, AVI Publishing, Westport, CT, 1975.

Furia, T., Ed., *CRC Handbook of Food Additives*, 2nd ed., CRC Press, Boca Raton, FL, 1972.

Glicksman, M., Ed., *Food Hydrocolloids*, Vols. I, II, and III, CRC Press, Boca Raton, FL, 1986.

Glicksman, M., *Gum Technology in the Food Industry*, Academic Press, New York, 1969.

Heimann, W., *Fundamentals of Food Chemistry*, AVI Publishing, Westport, CT, 1980.

Lee, F. A., *Basic Food Chemistry*, AVI Publishing, Westport, CT, 1983.

McWilliams, M., *Foods: Experimental Perspectives*, Macmillan, New York, 1993.

Maerz, A. and Paul, M. R., *Dictionary of Color*, McGraw - Hill, New York, 1950.

Nielsen, S. S., *Food Analysis*, 2nd ed., Aspen Publishers, Gaithersburg, MD, 1999.

Paul, P. C. and Palmer, H. H., *Food Theory and Applications*, John Wiley & Sons, New York, 1972.

Phyllips, G. O., Wedlock, D. J., and Williams, D. A., Eds., *Gums and Stabilizers for the Food Industry: Interactions of Hydrocolloids*, Pergamon Press, Elmsford, NY, 1982.

Potter, N. N., *Food Science*, Routledge, Chapman and Hall, Incorporated, Georgetown, Ontario, 1986.

Szczesniak, A. S., Branst, M. A., and Friedman, H. H., Development of standard rating scales for mechanical parameters of texture and correlation between the objective and the sensory methods of texture evaluation, *J. Food Sci.*, 1963; 28: 397—403.

Taylor, R. S., *Food Additives*, John Wiley & Sons, New York, 1980.

Walstra, P. and Jenness, R., *Dairy Chemistry and Physics*, John Wiley & Sons, New York, 1984.

Watts, B. M., Ylimake, G. L., Jeffery, L. E., and Elias, L. C., *Basic Sensory Methods for Food Evaluation*, International Development Research Centre, Ottawa, 1989.

网络信息来源

食品工艺学家学会——http://www. ift. org

世界食品网——http://www. worldfoodnet. com/

食品资源——http://www. orst. edu/food - resource/food. html

食品安全信息——http://www. foodsafety. gov/

食品与营养网络资源——http://www. dfst. csiro. au/fdnet20a. htm

食品化学工艺冲击波——www2. hawaii. edu/lynn/main. html

美国膳食协会——http://www. eatright. org/

食品与药物管理局——http://www. fda. gov/

2 食品的评价

评价食品质量主要有三个参数：颜色、质构和风味。

颜色

彩色视觉是通过可见光波长范围内的电磁波（图 2.1）导致视网膜运动产生的。目前，广泛使用的客观描述颜色的体系有两个，即孟塞尔（Munsell）颜色体系和 C. I. E. 颜色体系。

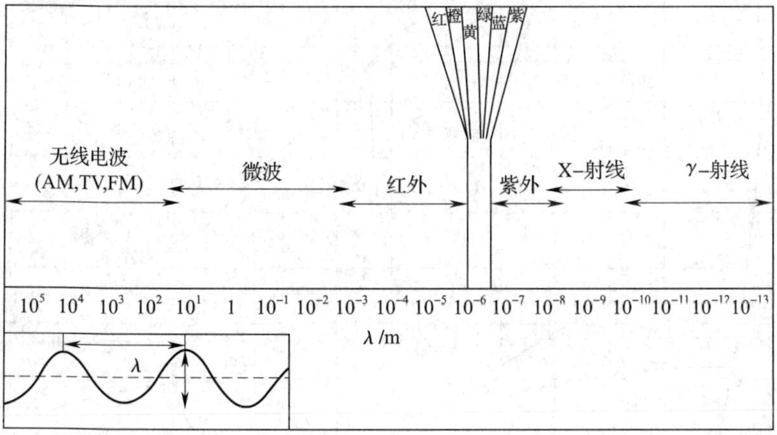

图 2.1 电磁波谱

孟塞尔（Munsell）颜色表示法是基于一个三维颜色空间，该空间涉及颜色的三种属性，即色相、明度和彩度。

色相的衡量基于五种原色，即红、黄、绿、蓝、紫和五种间色，即黄红、绿黄、蓝绿、紫蓝、红紫。

明度按照从黑（0）到白（10）的亮度分级。

彩度是所测量的颜色与同样亮度的灰色（中性色 =0）的偏离程度。

物体的颜色可以与一个不同色相的表格相匹配，表格的行与彩度保持一致，表格的列与明度一致（见 Munsell，A. H.，*A Color Notation*，Munsell Color Co.，巴尔的摩，1947）。物体的颜色也可以使用其他类型的颜色词典，应用最广泛的是 Maerz 与 Paul 编著的《颜色词典》（Maerz，A. 与 Paul，M. A.，McGraw – Hill 出版社，纽约，1960）。

C. I. E. 颜色体系是更客观地描述颜色的一种方法。按照国际照明委员会的推荐，C. I. E. 体系采用三激励值系统、标准观测员和特定的坐标系来描述颜色。在 C. I. E. 体系中，颜色用三个基本数值来描述：黄色——X，绿色——Y 和蓝色——Z。这些值可以通过反射仪或分光光度计来测定。根据三激励值，按照下面的公式计算出每种基本值：

$$x=\frac{X}{X+Y+Z}\qquad y=\frac{Y}{X+Y+Z}\qquad z=\frac{Z}{X+Y+Z}$$

基本值被用来作为色度坐标或三色系数。因为 $x+y+z=1$，所以用 $x+y$ 来定义色度是足够的。x 和 y 坐标可以在一个色度图上绘制（图 2.2），待测食品的颜色可以在色彩和空间上定位。

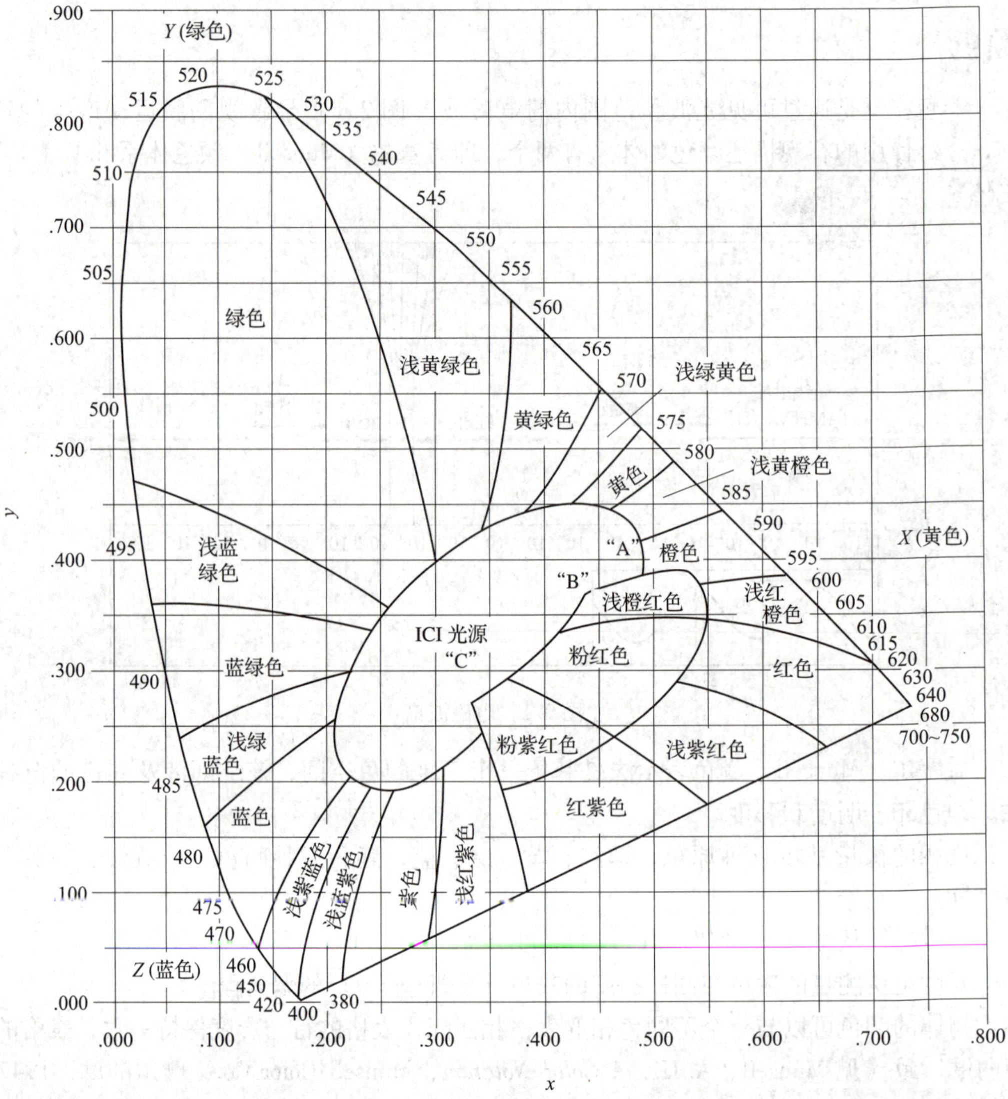

图 2.2　C. I. E. 色度图

第三种体系，即 Hunter 彩色实体系统（图 2.3），该体系能调解孟塞尔颜色体系和 C. I. E. 颜色空间的差异。其颜色参数为 L、$\pm a$ 和 $\pm b$，其中 L 是可视亮度，与孟塞尔颜色体系中的明度和 C. I. E. 体系中的 Rd（光反射）值相似。光反射被记作 +（正的）或 -（负的）a 和 b。

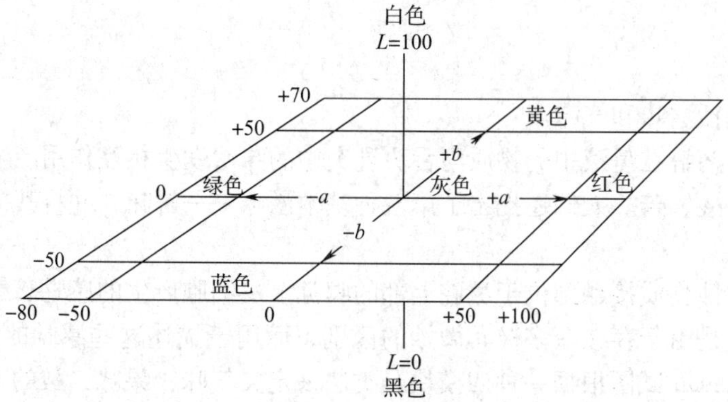

图 2.3　Hunter 彩色实体系统示意图
垂直方向从暗到明（0 ~ 100），一个水平轴
指 + *a*（红值）和 − *a*（绿值），另一水平轴指 + *b*（黄值）和 − *b*（蓝值）

质构

食品的物理性质可以提供各种触觉刺激，有时很难将之分类，因此，为感官评定而准备的记分卡中要有准确的术语。研究者必须要求评定小组提供其感兴趣的特定特征的评价意见，同时研究者也要能够确定不同客观方法用于食品哪方面质构的测定。Szczesniak 等提出了一种比较实用的物理性质的分类体系（表 2.1）。

表 2.1　质构参数和通俗术语之间的关联

力学特征		
基本参数	二级参数	通俗术语
坚硬		柔软的—结实的—坚硬的
黏结性	脆性	脆的—易碎的—脆的
	耐嚼性	柔嫩的—耐嚼的—坚韧的
	黏性	酥的—粉状的—浆糊的—胶质的
黏性		稀薄的　黏稠的
弹性		塑料的—弹性的
胶黏性		黏性的—发黏的—胶黏的
几何特征		
分类	例子	
粒子大小和形状	像砂的，颗粒状，粗糙的等	
粒子形状和定向	纤维的，细胞的，结晶的等	
其它特征		
基本参数	二级参数	通俗术语
水分含量	油腻	干的—潮湿的—湿的—水的
脂肪含量	多脂	油腻的
		多脂的

风味

风味特征包括滋味和气味。

滋味是由于溶解在唾液中的物质与舌头乳突中的味蕾发生相互作用产生的。四种基本滋味是甜、咸、酸、苦。人们还提出了第五种基本滋味——鲜味，并将其描述为肉味、风味佳的口感。

气味是挥发性物质接触到位于鼻腔上部的嗅觉上皮细胞产生的感觉。气味比滋味的分类更加复杂，这是由于存在众多极其微妙的区别，而用于描述这些感觉的词汇却很有限。Crocker 和 Henderson 试图根据一种四模块分类法来定义气味：果味，酸的或强烈的，钝的或能停留的或烧焦味，辛酸的或山羊味。每种因素分为八个层次。Schultz 采用了一个九模块体系：芬芳味、燃烧味、山羊味、醚味、甜味、腐臭味、油味、金属味和辛辣味。Amoore（Amoore，J.，Sterochemical and vibrational theories of odor，*Nature*，1971；233：270～271）提出了一种七模块体系，包括飘渺的、樟脑特有的、麝香气味的、花的、有薄荷味的、刺激性的和腐臭的。

3 客观方法

Ⅰ. 颜色

A. 分光光度计

B. 反射计或色差计

C. 颜色系统（参见 Paul and Palmer，1972；Francis and Clydesdale，1975）

（1）C. I. E. 颜色体系

（2）孟塞尔（Munsell）颜色体系

（3）亨特彩色实体

D. 色卡对照（参见 Maerz and Paul，*Dictionary of Color*）

E. 亨特色差计

Ⅱ. 嫩度

A. 透度计

B. 压缩仪

C. 酥松性测定仪

D. 剪切力测试仪

E. 质构分析仪

Ⅲ. 体积

A. 种子置换法

B. 补偿型极点求积仪

C. 立高法

Ⅳ. 多汁性

Ⅴ. 细胞结构

A. 拍照

B. 喷墨打印/影印

C. 组织学

D. 样品保存

Ⅵ. 黏性

A. 移液管

B. 凝胶测定仪

C. 黏度计

D. 稠度计

E. 线性铺展实验

F. 流变仪

G. 糊化黏度仪

H. 快速黏度分析仪（RVA）

Ⅶ. 温度

A. 温度计

B. 热敏电阻

Ⅷ. pH

A. pH 计

Ⅸ. 水分活度

A. 十边形 CX－2 水分活度系统

Ⅹ. 相对密度

A. 已知体积的质量

B. 相对密度计

C. 相对密度瓶

Ⅺ. 泡沫稳定性

A. 漏斗实验

Ⅻ. 收缩

A. 大小改变

B. 质量改变

4 感 官 方 法

Ⅰ. 感官测试的类型

A. 差异检验

(1) 成对比较：简单差异

(2) 成对比较：指向性差异

(3) "二－三" 实验

(4) 三角检验

B. 排序

C. 差异等级测试

D. 描述分析

(1) 等级鉴定：结构性的

(2) 等级排列：非结构性的

(3) 比率标度或量级评估

E. 阈值

F. 偏好性测试

(1) 成对偏好

(2) 排序

(3) 喜好等级评分

Ⅱ. 感官评定员

A. 类型

(1) 受过培训的：使用 3～10 人

(2) 培训不充分的：使用 8～25 人

(3) 未经培训或消费者：使用 >80 人

B. 筛选标准

C. 组成（年龄，性别）

Ⅲ. 测试材料

A. 准备

(1) 方法

(2) 载体（若使用）

B. 介绍

(1) 编码

(2) 顺序

(3) 样品大小

(4) 温度和控制方法

(5) 样品容器或器具

（6）一天中的时段

（7）特殊条件（时间间隔、漱口情况等）

（8）对评定员的特殊指导

Ⅳ．数学设计

A．实验类型（随机分组、阶乘等）

B．重复

Ⅴ．环境条件

A．设置（隔间、放置）

B．照明设备（灯光颜色）

Ⅵ．数据分析

创建感官评定实验用表

基本考虑

Ⅰ．一般格式

A．每批样品的每次评定均需要准备一个表格

B．为名称、日期、批次留空

C．指导

D．样品编号

E．为应答记录留空

Ⅱ．发展合理的记分卡

A．按逻辑顺序将因素列在记分卡上

（1）视觉

（2）嗅觉

（3）口感

B．用图的形式表示，将数据简化为标度的统计分析；最大的数字应该代表最期望的。

Ⅲ．打分中一般存在的困难

A．倾向随意——对准确性的错误感觉

B．对比错误——当评价质量很低或很高的样品时的心理倾向

C．中心趋势——当极端值很少使用时，经常可以观察到的心理错误

D．随着时间和判断产生的主观标度偏移趋势——可以通过控制和标准化加以避免

感官实验表格示例

巧克力蛋糕

姓名__________________ 日期_______________

组__________________ 样品编号_______________

请分析每一组样品并根据不同的质量列表给每个样品归类。如果样品之间没有差别，就可以将其纳入同一等级。

续表

谷物	细胞一致性	轻巧性
______薄细胞壁	______均一的细胞	______轻和蓬松
______	______	______
______	______	______
______	______	______
______厚细胞壁	______不规则的细胞	______紧密
面包屑的湿度	风味	总体评价
______潮湿和柔软	______新鲜	______最满意
______	______	______
______	______	______
______	______	______
______干燥	______不新鲜	______最不满意

这个感官实验表格是为分析样品的特定特征而设计的。如果以决定样品参数的倾向性而不是描述那个参数为目的，那么用喜好比率标度法设计测试表格较好。对于风味、质构、颜色、多汁性和其他在可接受范围内的特征也可以用相似的描述方法。下面举一个运用风味的例子。

产品______________

小组成员____________　　日期____________

针对下面列出的特性判断每种产品，考察你喜欢或不喜欢的程度，并用合适的语言描述你对样品的喜好。

特性：风味	样品号
极度喜欢	
非常喜欢	
中度喜欢	
略微喜欢	
不喜欢也不讨厌	
略微讨厌	
中度讨厌	
非常讨厌	
极度讨厌	
评论	

如果研究者想通过感官评定确定蛋糕的黑度，可以用第一种类型的表格。如果研究者想知道哪种样品更易接受，而不论其颜色深浅，那么可以用第二种类型的表格。更多的例子参见实验室的感官评定实验。

5 实验记录

用小纸片记录数据很容易丢失，实验结果必须记录在一个不易脱页的记录本上，且如果写错，应勾掉，不要从实验记录本上撕页，指导老师要定期检查学生的实验记录以帮助学生正确地记录实验数据。

格式

Ⅰ. 标题、日期、特殊的实验条件

Ⅱ. 目的

Ⅲ. 实验步骤——不能照抄实验手册。只记录对实验步骤的更改或详细地叙述实验过程。

Ⅳ. 结果——实验数据要用表和/或图的形式表示。实验课前将表或图准备好以节省宝贵的实验时间

A. 表格（表5.1和表5.2）

（1）按顺序给每个表格编号。

（2）每个表格必须有一个标题。

（3）只画出所示的直线。

（4）测量单位必须列在表格的顶部或其它地方。

（5）主观和客观数据要列在不同的表格里。

（6）用合适的脚注。

B. 图（图5.1～图5.3）

（1）按顺序给每张图编号。

（2）每张图必须有一个标题，标题要简明，且不能仅仅重复坐标轴的标签。

（3）除非记录本有合适的正方形空白，否则用作图纸。

（4）标注每一个坐标轴，并给出测量单位。

（5）自变量放在 x 轴（横坐标），因变量放在 y 轴（纵坐标）。当自变量连续时，一般用线性图；当自变量非连续时，一般用柱状图。

Ⅴ. 讨论——结果讨论包括对表或图中的实验结果进行叙述

确定在你的讨论中涉及每一个表和每一张图。讨论还应包括实验中出现的错误、遇到的困难、对所得结果的解释以及从结果中得到的任何结论。如果可能的话，一定要将主观与客观结果相比较。当在实验过程中发现实验指导存在问题时，讨论过程中要统一这些问题的答案。在解释过程中使用参考文献，如“Kim 和 Wang（2001）研究了菊粉凝胶的形成...”或“...报道了热致菊粉凝胶的动力学研究结果（Kim 和 Wang 2001）。”

Ⅵ. 参考文献——采用《食品科学》的格式

举一个期刊文章的例子，“Kim Y., Wang S. S. 2001. Kinetic study of thermally induced inulin gel. J Food Sci 66：991－997.”。为方便找到一个特定实验的详细描述，应将实验记录本连续编页，并在记录本的首页列一个目录。

《食品科学》中的表格示例

表 5.1　　490 种蜂蜜样品的平均组成和范围（White 等，1962）

成　分	平均值	标准偏差	范围
水分/%	17.2	1.46	13.4 ~ 22.9
果糖含量/%	38.19	2.07	27.25 ~ 44.26
葡萄糖含量/%	31.28	3.03	22.03 ~ 40.75
蔗糖含量/%	1.31	3.03	0.25 ~ 7.57
麦芽糖含量/%	7.31	2.09	2.74 ~ 15.98
高碳糖含量/%	1.50	1.03	0.13 ~ 8.49
游离酸含量/（mmol/kg）	11.02	4.11	3.375 ~ 23.60
内酯含量/（mmol/kg）	0.168	0.068	0.0 ~ 0.475
灰分含量/%	0.169	0.15	0.02 ~ 1.028
氮含量/%	0.041	0.026	0.0 ~ 0.133
淀粉酶值	20.8	9.76	2.1 ~ 61.2

表示主观数据变化的表格与表示客观数据的表格形式相同。比如，表示客观数据的表 5.1 与表示主观数据的表 5.2 具有相同形式。

表 5.1 和表 5.2 分别改编自 *Journal of Food Science*，Vol. 66，No.6，p.787，2001 和 *Journal of Food Science*，Vol. 67，No.5，p.1967，2002。经过许可，且版权归 IFT（Institute of Food Technologists）。

注意：

- 表格内部不可有线条。
- 标题不用缩排。
- 在主观性表格中不含测量单位。
- 将用于表示主观特征的数据索引加脚注（比如，如果所使用的刻度是 1 ~ 5，要说明 5 是最大还是最小刻度值）。
- 主观评价应该与客观评价分开列表。

在实验记录本上记录数据，每一次实验以及平均值，都要记录。例如：

	变量
	0.89
处理	0.86
	0.83
平均值	0.86

表 5.2　　可食用涂层对幼小胡萝卜在储存过程中感官性质的影响*

时间	处理⁺	白斑	黄色强度	脆性	甜度	苦味	新鲜气味	新鲜风味	光滑度
第一周	1	3.83[a]	4.54[c]	5.88[a]	5.13[a]	1.92[a]	5.76[a]	5.7[a]	1.91[c]
	2	1.68[bc]	6.45[ab]	5.92[a]	4.52[ab]	1.99[a]	4.83[ab]	5.25[a]	5.14[b]
	3	2.48[b]	6.03[b]	6.06[a]	4.48[ab]	2.23[a]	4.43[b]	4.89[ab]	6.58[a]
	4	0.92[c]	7.27[a]	6.13[a]	4.03[b]	2.98[a]	3.83[b]	3.89[b]	7.57[a]

续表

时间	处理[+]	白斑	黄色强度	脆性	甜度	苦味	新鲜气味	新鲜风味	光滑度
第二周	1	6.11[d]	3.82[d]	5.67[a]	6.16[c]	1.71[b]	4.78[ab]	4.82[ab]	1.12[d]
	2	2.36[b]	6.49[ab]	5.42[a]	5.31[a]	1.93[ab]	5.68[a]	5.71[a]	3.10[c]
	3	2.29[b]	6.19[b]	5.61[a]	4.48[ab]	1.95[ab]	5.41[ab]	4.66[ab]	5.27[b]
	4	1.40[c]	7.44[a]	6.01[a]	4.41[ab]	2.83[a]	4.39[b]	3.91[b]	6.76[a]
第三周	1	6.19[d]	3.52[c]	5.69[a]	5.40[ac]	2.20[a]	4.72[ab]	4.33[ab]	1.22[d]
	2	2.41[b]	6.44[ab]	6.06[a]	5.53[ac]	2.17[a]	4.51[b]	6.39[a]	3.23[c]
	3	2.39[b]	6.40[ab]	6.02[a]	5.24[a]	2.07[a]	5.72[a]	5.08[bc]	5.10[b]
	4	0.90[c]	7.39[a]	5.59[a]	4.90[ab]	2.93[a]	5.52[ab]	5.54[a]	6.62[a]

注：[a~d] 表示同一列中具有不同上角标字母的平均值存在差异（$p<0.05$）。

* 感官等级：0 = 没有，10 = 强烈。

[+] 处理分组：1 = 控制，2 = 只用黄原胶，3 = 黄原胶/维生素 E，4 = 黄原胶/钙。

对于单个实验方案，通常会在三周内进行重复实验。为提高效率，应提前在实验记录本上将表格绘制好。表格的绘制参见表 5.3 给出的范例。

在最后的实验报告中，实验数据要标出标准偏差。

表 5.3　多个星期内搜集数据的表格范例

处理	平行实验 I	平行实验 II	平行实验 III	平均值

《食品科学》中的图示例

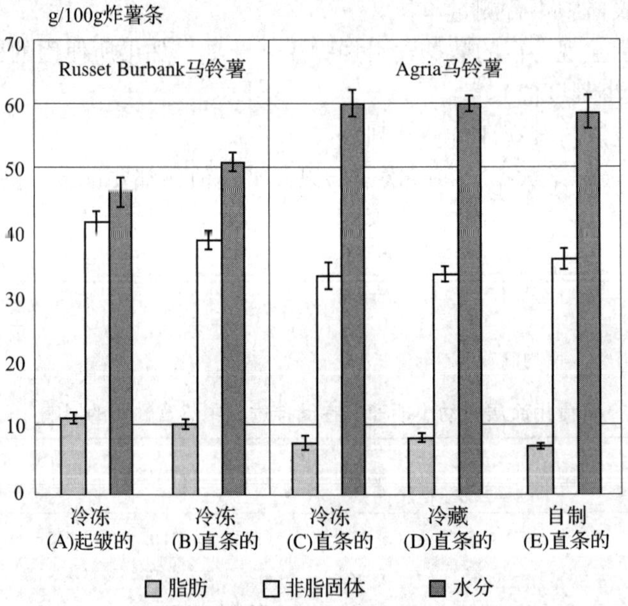

图 5.1　五种不同类型薯条油炸（180℃，3.5min）后的成分

柱形图上的线条为标准偏差

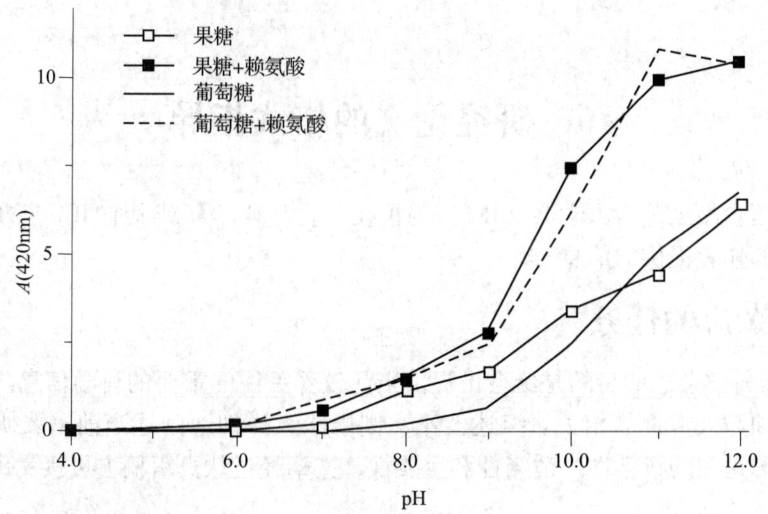

图 5.2 pH 对果糖、葡萄糖、果糖 + 赖氨酸、葡萄糖 + 赖氨酸水溶液模型体系在 100℃下加热 60min 发生褐变的影响

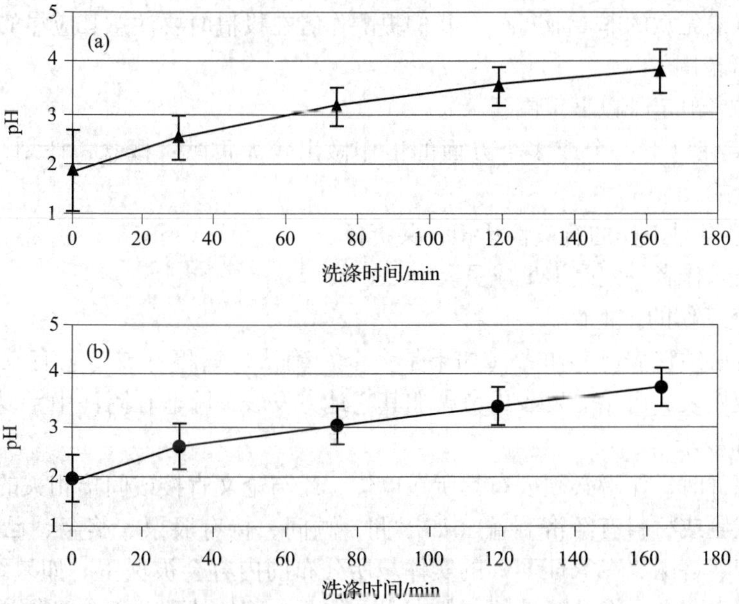

图 5.3 醇的水溶液洗涤果胶凝胶时其 pH 的变化

（a）乙醇水溶液；（b）2－丙醇水溶液

6　研究论文的格式指导

本章介绍食品工艺学家学会（IFT）为拟在《食品科学》或其它 IFT 主办的科学杂志上发表论文的作者提供的信息。

IFT 科学杂志的任务

IFT 出版科学杂志的目的是给会员提供当前较受关注的重要的科学信息。研究论文的原创结果必须与人类食品相关。综述性论文则以深入详细地阐述当前重要研究课题为目的。综合考虑论文的科学性、适当性和重要性，文章经过认真审稿方可接受出版。

编辑政策

（1）作者要求和责任

IFT 为其杂志报道高质量的研究成果感到自豪，期望可以保持高专业水准。然而，由于发生了有意或无意的非专业行为，我们提醒作者在投稿时要注意其应尽的责任。

（2）作者范围

我们的作者限定于以下范围：

① 作者应在以下一个或多个方面的工作做出较大贡献：概念，计划，执行，书写，解释和统计分析；

② 作者愿意对工作的有效性承担公共责任。

我们不要求作者一定是 IFT 成员。

（3）研究工作的排他性

通讯作者必须代表所有作者（如果是多个）确认这篇稿件或与它有较大相似内容的其它文章未被发表、已接受发表或考虑在其它地方发表，除非在附注中予以说明。

（4）公布要求

在提交稿件时，作者必须公布其所在单位、或与论文直接或间接相关的组织、或与稿件中讨论的主题或材料有经济利益（如雇佣、顾问、持有股票、奖金、已获或即将获得的专利、特权、答谢、专家证词）的实体。所公布的内容会被保密。如果编辑认为恰当，在致谢部分可以包含一个针对性的一般声明。作者在稿件的致谢部分必须说明研究工作的所有经济上和物质上的资助来源。

（5）版权

印刷稿件的权利仅属于 IFT。通讯作者必须代表所有作者在版权转移协议上签字。在版权无法转让的情况下（如仅由政府雇员作为其雇佣责任发表的论文），可以放弃这个要求。

除非有 IFT 的许可，任何人（包括作者）不得复制《食品科学》（JFS）上文章的全部或部分内容。作者有权在经过合适的认可的情况下复制论文的摘要，并拥有从任何可能由文章包含的研究中取得专利的权利。相关许可申请可寄至：美国伊利诺伊州芝加哥市

221 N. LaSalle 大街，Suite 300，IFT 出版社主管，60601—1291。

（6）免责事项

发表在 IFT 科学杂志的文章中的观点是作者的，而非一定是 IFT 的。IFT 不保证文章中任何目的、方法、产品、工艺、描述或确定的装置的合适与否。使用商标时仅用于鉴别，而不代表 IFT 的支持。

（7）接受稿件的准则

稿件能否被接受主要在于文章的质量（目标明确、有创新性、实验设计和方法合理、统计分析正确、研究深度足够、结果有实质性、结果讨论彻底、结论合理），主题的适宜性和重要性。

（8）版面费

对于所有通过投稿中心（见下面的说明）以电子版形式递交的原创性研究论文来说，目前版面费定在 70 美元/页（可以兑换）的价格。不提倡以纸质形式递交稿件，而且这样可能会提高发表费用。当版面费只能由个人支付，而这又可能造成过重的经济负担时，投稿人可以在论文出版之前，请求免于支付。在这种情况下，作者所在单位必须出具单位经济困难无力支付版面费而作者个人支付也较困难的证明材料，并由单位盖章和作者签字，然后发送至高级编辑处，其地址见后。

对于简要的综述性文章和假设性论文而言，如果同科技编辑（Daryl B. Lund，dlund@cals. wisc. edu）进行协商并在投稿之前受到邀请，那么版面费可以免除。

（9）复制

在论文接受之后、出版之前这段时间里，作者有机会购买论文复制品。在稿件的校样信中会包含一个订单和折扣信息。

（10）出版许可

如果一篇论文已经在除 IFT 之外的机构会议上发表过，作者必须保证其有权将其提供给 IFT 出版。

期刊栏目

在递交论文时，作者要说明稿件所属栏目。

具体如下：

（1）JFS——食品科学中的简明综述和假设。科技编辑：Daryl B. Lund。本栏目覆盖食品科学的各个方面，包括安全与营养。综述应该有 15 ~ 50 页的打印纸（包括表格、图和参考文献），题目应确切而有深度，文章应包含对所有相关研究的细致的评价（缺点、优势、解释相似研究的结果的差异），并给出有深刻见解的解释和结论。我们也欢迎假设性的论文，尤其是在研究的前沿领域或在难于突破的重要领域。

（2）JFS——食品化学和毒理学。科技编辑：Stephen L. Taylor。本栏目涵盖关于降解和防腐的反应、毒理学、功能性质、植物采后生理、肌肉生物学、分析方法和成分分析的原创性研究。

（3）JFS——食品工程和物理性质。科技编辑：Romeo T. Toledo。本栏目涵盖原创性的与食品保藏、加工和废物利用相关的单元操作的定量研究，重点是系统设计和分析、模型、模拟、优化、物性测量和仪器、热力学关系、传感器与自动化以及包括表面性质和相互作用、流变性、传质特性、水分活度、玻璃化转变的材料科学。

（4）JFS——食品微生物与安全。科技编辑：Elliot T. Ryser。本栏目涵盖关于食源性致病菌、致病机理、风险评估、腐败、发酵、保藏、微生物生长和灭活、生物技术和方法的原创性研究。

（5）JFS——食品的感官与营养质量。科技编辑：Tung-Ching Lee。本栏目涵盖定量的和/或主观的关于风味、颜色、质构评价、营养性质、功能因子以及加工、储藏、包装对质量属性影响的原创性研究。

（6）网站——食品科学与安全的全面综述。科技编辑：David L. Lineback。涉及食品科学中当今普遍关注的各个方面的问题，包括安全和营养。题目应确切而有深度，文章应包含对所有相关研究仔细的评价（缺点、优势、解释相似研究的结果的差异），以给出有深刻见解的解释和结论。在稿件撰写之前，作者应提交建议的题目、关于课题重要性的简短描述、本文（仅对那些非邀稿论文）如何推动食品科学领域的发展以及一页大纲。在作者和科技编辑就题目、作者声明和大纲达成一致之后，作者将接到准备稿件的邀请。

（7）网站——《食品科学教育》（JFSE）。科技编辑：Wayne Iwaoka；国际科技编辑：Albert J. Mcgill。本栏目出版有关食品科学与技术教学方面的信息，可作为不同教育水平的食品科学从教人员的一种信息传达手段。合适的信息包括：教学方法的原创性研究结果，关于食品科学教育体系的新闻，关于教学方法相互作用的信息，以及食品科学课程的内容。在通过投稿中心递交稿件时，请选择“主编评论”一栏，并指定您选择的栏目：原始研究，综述，创新性实验练习或演示，课堂技巧，或给编辑的信。

稿件的要求

除非另外规定，递交到JFS和其它两种基于网站的杂志的稿件，其风格和格式应该按照“《科学杂志的风格和格式：给作者、编辑和出版社的CBE手册》，1994，第六版，生物学编辑委员会，剑桥大学出版社，纽约”一书的指导。为方便起见，可查阅最新一期杂志上的文章获取详细信息，或与JFS的编辑办公室联系。对于特殊专题（风味、水果和蔬菜、营养、工程等）的稿件，在准备论文时可以点击网站上的“CLICK HERE”链接了解补充说明。

使用英语（美式拼写和用法）和SI单位（国际单位）。

所有稿件必须在投稿中心以电子版的形式投稿。细节将在本章结尾提供。

研究论文的工作模板

此工作模板可作为指南，只需要去除指南文字、填入合适的信息即可。

有关原创性研究的稿件

原创性研究的稿件应包括如下要素：

（1）标题页，作为第一页

包括：

① 标题全称（注意要简明）

② 作者姓名、作者单位、完整的联系地址

③ 通讯作者的联系方式，包括全名、完整的通信地址、电话、传真和电子邮箱

④ 标题缩写（要求少于40个字母和空格）

⑤ 选择稿件投递的杂志栏目，从以上列出的栏目中选择

⑥ 如果相关研究是在一个与当前单位不同的之外的地方进行的，那么也要注明其地址

投稿中心会指示在何处填入这些信息。

（2）摘要页，作为第二页

包括：

不超过110个字的摘要；所有缩写明确定义；没有引用的参考文献。主要内容包括做了什么，怎么做的，主要结果和结论。设置五个关键词供索引使用。

投稿中心会指示在何处填入这些信息。

（3）引言

用两页或更少的内容回顾相关研究，引用关键的参考文献，解释研究的重要性，说明你的研究目标。

（4）材料和方法

提供完备的细节以便研究能够被重复。详细描述使用的新方法，通过引用文献简短描述公认的方法。必要的话可采用副标题以清楚显示。

① 商标的使用

在定义产品时尽可能地避免使用商标名称。如果商标名称不可避免，也应该提到其它相似产品的商标名称，并且在第一次使用商标时应该用上角标符号™或® 来标注，并且在后面用圆括号标明商标所有者。如果使用产品的商标名称，那么必须详细描述，以便受过专业训练的读者能够明白其属性。在标题中禁止采用商品名称。

② 缩略词的使用

在文章中第一次使用缩写术语时，将其在术语后面用圆括号注明。在标题中不能使用缩略词。

③ 统计学分析

如果同一处理的差别（变异系数，标准偏差除以平均值）很小（小于10%），不同处理之间的平均值差异很大（大于3个标准偏差），那就不必采用统计分析。如果所得的数据不符合这些标准，那就必须采用合适的统计分析。

（5）结果与讨论

表和图有利于简单明了地表示和讨论结果。相同的信息不得同时呈现在表和图中。要同前人报道的结果做比较，并清楚地指明本研究对新知识所做出的贡献。

（6）结论

简单地做出结论（不是摘要）。

（7）参考文献

只列出文中引用的参考文献。参考文献所要求的格式将在下面说明。

（8）致谢

列出经济上或材料上获得支持的来源，以及那些对此研究做出显著贡献但没有列为作者的个人。不得在此对所在单位允许出版表示感谢。

（9）附录

这部分在研究性论文中不常需要，但如果确有必要，可以加入（比如复杂的计算或详细的命名法）。

（10）表格

给每一个表格用阿拉伯数字编号。将描述性的标题放在每个表格的顶部。每页打印一个表格。表格的列通常用于放置因变量。在表格的主体中，脚注应该用小写字母以上标的形式来表示，在表格后面要解释脚注的含义。相同的数据不应同时出现在表和图中。在投稿中心，表和图必须以电子版的形式递交。

（11）图（曲线图，流程图，线条图，照片）

图（和图像）必须以电子版的形式递交。在投稿中心，在图像文件编号后采用阿拉伯数字编号列出标题。

如果需要复制之前受版权保护的插图，作者必须获得许可并提供准许复制的证明。字母、数据标志和符号必须足够大，以便当图像被压缩到在杂志中的通常大小时仍清晰可见。当需要印刷彩图时，请在投稿信中注明这一点。

综述性稿件

基本要素（在正文之外）包括标题页、摘要、介绍、正文、结论、参考文献。与主要观点相关的总结性的表和图的使用不受限制。综述性文章首先要描述课题的重要性和综述的目的。

对文章中标题的标准形式不作要求，但只要有助于提高介绍的清晰性和可读性，应该使用标题和/或副标题。在准备综述性文章之前，作者最好和主编协商。

假设性论文

基本要素包括标题页、摘要、正文、结论、参考文献。论文开头要先描述目的，然后介绍想法或概念的逻辑推理，为假设提供基本原理，最后是结论。作者文章中要确定如何使用标题和副标题来提高介绍的清晰性和可读性。在准备假设性文章之前，作者最好和主编协商。

《食品科学教育》中其它类型的论文

未对形式做任何标准要求。对所介绍的数据，要选择最合适的栏目和标题。

参考文献的格式

杂志投稿都必须按照科技编辑委员会（即前生物编辑委员会）规定的参考文献的格式，只引用必要的出版物，可能的话引用一级文献而非二级文献。可以引用那些接受但未出版的论文，标明相关的年和卷号。但不能引用那些已经投稿而尚未接受的稿件。

（1）在正文中

在文章中引用文献要标明作者姓名和年份。用“and others”而不用“et al.”。在括号中引用时，不要用逗号将作者和年份隔开。同一作者在不同年份的文献要用逗号隔开。当引用来自不同作者的文献时，要用分号隔开。引用不同作者的两个或多个文献时，要按从先到后的年代顺序排列。比如：

淀粉颗粒在糊化阶段通常会被拉长（Brown 1956）

Smith and others（1994）报道生长……

……和报道（Dawson and Briggs 1984，1987）表明……

……和报道（Dawson 1984；Briggs 1999）表明……

（2）在参考文献部分

仅列出正文中引用的参考文献。参考文献应按照第一作者姓氏的字母顺序排列。对同一个作者，作为单个作者时放在非单个作者之前。输入参考文献时，以左对齐的方式分段排列（不用手动缩进，保持文本环绕）。采用下面的格式：

① 期刊文章

作者．年代．文章题目．杂志名称　卷号（期号）：页码．

例子（正文中的引用：Smith and others 1999）：Smith JB，Jones LB，Rackly KR. 1999．Maillard browning in apples．J Food Sci 64（4）：512—518

② 书

作者或［编者］．年份．标题．出版地：出版社．页码．

例子（正文中的引用：Spally and Morgan 1989）：Spally MR，Morgan SS．1989．Methods of food analysis．2nd ed. New York：Elsevier. 682 p.

③ 章节

章节的作者．年份．章节题目．In：书作者或编者．书名．版本和卷号．出版地：出版社．章节页码．

例子（在正文中的引用：Rich and Ellis 1998）：Rich RQ，Ellis MT．1998．Lipid oxidation in fish muscle．In：Moody JJ，Lasky，UV，editors．Lipid oxidation in food．6th ed. New York：Pergamon．p 832—855．

④ 专利

专利设计或方法发明人的姓名；公司名称，代理人．出版日期［年　月　日］．题目．专利描述［包括发表专利的国家和专利号］．

例子：Harred JF，Knight AR，McIntyre JS，inventors；Dow Chemical Co.，assignee. 1972 Apr. 4. Epoxidation process．U. S．patent 3，654，317．

⑤ 付印材料

确认是"即将刊出"，而不是"刚刚投稿"。

杂志缩写或其它参考文献格式的范例，请参阅本杂志最近的期刊上的文章，或联系IFT 的 JFS 编辑部。

编辑审阅和处理

（1）同行评阅

各栏目的科技编辑会依据稿件的重要性、实质性、对杂志的适合性、科学质量和所提供的新信息量来筛选所投的稿件。那些不符合当前标准的不通过进一步评阅就直接被拒绝。那些符合这些最基本标准的就送到评审专家手中做进一步的同行评阅（除了"给编者的信"这个栏目的稿件）。审稿人的身份不会向作者透露，而作者的身份却会透露给审稿人。副编审审阅审稿人的意见后，常常允许作者根据审稿人的意见做出修改，建议科技编辑接受或拒绝稿件。科技编辑将通知作者最后的决定。

（2）被接受的稿件

作者会被要求校对排版好的稿件。作者对出现在校样中的所有陈述负责。确定出版日期后编辑部会通知作者。

（3）询问稿件的状态

可以直接咨询高级编辑 Betsy Baird，IFT，221 N. LaSalle St.，Chicago，IL 60601；电话：（312）782 8424；传真：（312）782 8348；电子邮箱：babaird@ ift. org。

投稿指南

（1）电子版形式投稿

现在 JFS 要求所有稿件（包括两个基于网站的杂志）在考虑出版前都要通过网络服务“投稿中心”上传电子稿。（无法通过网络投稿的作者要以纸质的形式将其稿件投送到 JFS 的编辑办公室）。以电子形式提交能加快稿件的提交速度，并且作者可随时了解稿件进展状况。

（2）程序

在网络浏览器地址栏输入“http：//ift. manuscriptcentral. com”就可以打开登录界面。通过点击“投稿指南（Submission Instructions）”来熟悉提交过程。再回到登录界面，点击“创建账户（Create an Account）”（如果是第一次使用）或“检查已有账户（Check for Existing Account）”（如果之前曾经创建了一个账户）。

（3）创建账户

点击此按钮，将出现“Create Your User Account”界面；填入所要求的信息（姓名，地址，电话，传真，电子邮箱地址；还有一个选定的用户 ID——这对于进入你的账户是必须的）。一旦你填写了此确认信息，就会回到登录界面。记录下你的用户 ID，因为不论你何时进入投稿中心，你都要用到它。不要重复创建账户。

（4）稿件提交

在登录后，点击“作者中心”，再点击“提交稿件”，然后按照屏幕上的提示和说明操作直到完成稿件（正文、表、图）上传。完成之后，认真检查两遍，然后点“提交”按钮，就会产生一个 JFS 的稿件号，还有一封邮件确认稿件已经收到并提交。然后作者就可以通过在“投稿中心登录（http：//ift. manuscriptcentral. com）”来了解稿件状态，“作者中心”除了显示稿件状态，还显示负责稿件的编辑的姓名。

（5）当有技术问题时

可以从 ScholarOne 公司，即“投稿中心”的母公司得到有关提交过程存在的技术问题的解答。点击屏幕上的“现在帮助”按钮，可以查阅“常见问题（FAQs）”或联系 ScholarOne，电话 804-817-2040 转 167；传真 804-817-2020；或邮箱 support @ ScholarOne. com。

（6）纸质版提交

如果不能采用电子版提交，那么也可以采用纸质版提交。然而，通过这种形式提交稿件速度较慢，也不能监视处理过程的状态，还可能会增加版面费。

纸质版提交有以下几项：

① 封面页。确认通讯作者姓名和联系方式（电话号码，通信地址和邮编，传真和电子邮箱地址）。指明要投递的杂志和栏目。如果作者认为一些图需要彩图印刷，也请指明。

② 作者声明。包括符合作者标准、责任、经济及版权要求的签名表。

③ 稿件。除表格之外，稿件的所有部分均采用双倍行距。版面为21.6cm×27.9cm，单面打印，页边距为2.54cm。给所有的页和行编号。

邮寄一份原始稿件（原始图上标记 ORIGINAL）和三份副本。如果图的影印不清楚（比如显微照片或凝胶电泳照片），请不要用影印。在页面左上角将每份稿件，包括原稿和副本装订起来。不要用回形针或夹子。

④ 磁盘。包括一个 IBM 格式的3.5 寸磁盘，包括标题页和摘要的 Word Perfect®（8.0版或更早）文件或者 Microsoft® Word 文件（97 版或更早）。请确保稿件的格式符合上面所要求的 JFS 的格式。如果格式使用不当将会延迟发表。

提交前的检查清单

（详细的信息请参考“作者指南”）

封面页和表格

通讯作者的完整联系信息（全名、地址、电话、传真、电子邮箱）

JFS 杂志栏目确认：

食品科学的简明综述和假设论文

食品化学和毒理学

食品工程和物理性质

食品微生物和安全

食品的感官和营养性质

关于符合作者标准、经济、潜在的利益冲突和版权（完整形式）的声明

稿件

原始稿件（带有标记 ORIGINAL 的原始图）

三份副本

行号

页码

在每份稿件的左上角装订（而不是回形针或夹子）

标题页：在标题页写上通讯作者的联系方式

少于110 个字的摘要

五个关键词

图标题连续地列在与图单独分开的一页纸上

磁盘

3.5 寸的 IBM 格式磁盘，内含标题页和摘要，文件格式可以是 Word Perfect（最好用8.0 版）或者 Microsoft Word（最好用 Windows 98）。可以选择通过电子版的方式递交标题页和摘要。

7 个人课题

尽快选择一个问题作为你的个人课题，所选题目和方法必须通过指导教师批准。建立一个自变量和因变量清晰、可实验的假设。运用科学方法的原则解决该问题。

一旦题目和方法被口头上通过，就应该以书面形式正式拟定计划书以便于等级评定。计划书中应包括以下几方面。

研究计划

（1）标题

（2）假设和目标

（3）背景：综述文献，确定对于回答你的问题哪些是已知的？还有哪些差距？给出研究提出的问题的理由。证明你选择的因变量是正确的，在因变量与自变量之间是否存在逻辑关系？证明你选择的方法是正确的。它们是标准方法吗？给出你的课题目标。

（4）方法：给出方法——你计划做什么以及如何做。方法要具体，要包含程序、配方及其来源。成分的数量必须用公制单位表示（比如 g 和 mL）。如果是感官评定，要展示记分卡的设计、对评定员进行描述。除了测试的变量之外，你打算如何控制其它变量，如食品样品的不同、温度、混合过程、产品大小、样品预处理等？说明你已经考虑这些问题。

（5）工作计划：计划每一步——每星期你打算做什么以及在实验之前所需要做的准备。时间允许的话，最好要做三组平行实验。

（6）需要的供应：根据你的计划做一个供应物品的清单和购买清单。详细列出需要的物品、数量和时间，并附加必要的说明（商标等）。对有些材料，在每次重复实验时最好使用同一批和同一种的，所以考虑整个课题需要，一次性定购足够的材料。容易腐烂的材料要根据需要定购。为自己做好每天的供应单，列出需要拿到的材料和需要拿到材料的日期。

口头陈述

口头介绍为 8min。重点是结果与讨论。

（1）背景：提供足够的背景知识使听众了解所研究的问题。在合适的地方展示所研究的化学结构或反应。

（2）方法

描述总体设计，包括所研究的因变量和自变量。如果设计较复杂，就采用流程图来表示。

概要地介绍方法。描述测定方法，解释它们测定的基础，在合适的地方用反应式和流程图。

（3）结果：描述结果，最好采用图的形式。表和图必须有完整的标题，数据轴或栏必须有单位，变量必须明确。不要期待听众能够通过一系列零散的东西记住不同处理代码表示什么意思。表和图应报道平均值和每个处理的标准偏差，包括感官评定的数据。记住要报道重复的次数，并对感官评定数据的尺度进行定义。如果用柱状图表示感官评定的数据，最高值就表示最期望的性质。

（4）讨论

根据文献报道的结果和合理的科学解释来说明你的实验结果。在口头陈述过程中，你必须从原创性研究的文章中引用至少一篇参考文献。

总结最重要的信息，记住要提及最初的假设或问题。例如研究目标是减少产品中的热量时，就必须在报道目标的时候报道计算出来的热量减少值与感官实验结果。

书面报告

书面报告必须是打印的，注意检查拼写，保持页面整洁，采用科技写作的风格。避免使用第一人称、缩写式、口语和文学风格。语法使用恰当。

标题应该是描述性的但不应太长。

书面报告包括摘要。摘要用一段的篇幅来概括问题、方法、主要的发现和突出的信息。

书面报告要包括以下部分：

（1）引言：这部分要用足够的背景材料来说明，以便读者可以完全明白所研究的问题。这很可能需要讨论一下课上学到的一些化学过程，比如氧化酸败（伴随反应）、淀粉糊化和面筋的形成等。这部分还包括对适合检测因变量的方法的讨论，并对方法的选择进行解释。在这部分还要陈述课题目标，包括具体的因变量和自变量。这个陈述可放在本部分的结尾，或者如果这部分有几页长，也可以放在第一段的结尾。

（2）方法

副标题可能有帮助。

先给出总体设计，然后是具体的程序、测定、配方。

在合适的地方放上感官评分卡。

给出充分的细节信息以便其它人能够重复此实验（比如包括分析仪的装置和探头，重要的温度和 pH 控制，设备的种类，样品准备等）。

讨论重复次数、随机性和取样。

（3）讨论

如果在数据处理时需要计算，在讨论部分或在附录中应该提供样品的计算。如果绘制了标准曲线，要包含图或相关系数和 p 值。

在解释结果时，要给出科学合理和基于文献资料的解释及错误的潜在来源。讨论时如果没有引用足够文献，将导致可信度降低。

给出重要信息。读者要能确定你的研究是否成功。

给出进一步研究的建议。

（4）结果：总结数据的表和图的标题应该完整，在不用参考正文的情况下应该能看懂该表或图（需要的话要包括产品的种类）。正文必须提及每个表和图，表和图必须按顺序编号。

（5）参考文献

在参考文献列表或正文中引用参考文献时采用《食品科学》的格式。避免直接援引参考文献。解释来源——不要剽窃！

允许有限地使用通用课本。重点是原创性的期刊论文。所选文献应该对课题研究有很好的代表性。

（6）附录：可选择的部分；如果包括的话，这部分要在参考文献之后。

等级评分卡

复印这张评分卡，附在书面报告中。

个人工作

认真思考了问题	____________
最大限度的利用课上时间	____________
课余时间的努力	____________
为每天列出详细计划	____________
总分数（ / ）	____________

口头陈述

理由	
背景资料（相关性、完整性、逻辑性）	____________
实验设计和方法的原理、描述	____________
结果报告和解释	____________
文献资料对结论的支持	____________
对未来工作的建议	____________
有效地展示	____________
陈述	____________
对问题的回答	____________
总分数（ / ）	____________

书面报告

摘要	____________
引言	____________
理由	____________
材料和方法	____________
结果	____________
讨论	____________
参考文献	____________
总分数（ / ）	____________

常见错误

拼写、语法 __________________
工整和形式 __________________
不完整的句子 __________________
图表表达错误 __________________
引言冗长 __________________
分析结果 __________________
文献不支持结论 __________________
参考文献格式不正确：
　　在正文中 __________________
　　在参考文献部分 __________________
文献查询不足 __________________

附加评论

8　实验：食品的感官评定

消费者对于一种食品的接受程度取决于许多心理和生理因素。我们设计了以下实验来阐述一些风味形成的原理，并使得学生熟悉几类感官评定的方法。

实验 1　基本滋味的阈值浓度

介绍和目的

四种基本滋味是甜、酸、苦和咸。不同人对产生这些滋味的化合物的敏感性不同。识别出某一种基本滋味的最低浓度被定义为识别阈值。本实验的目的就是确定这四种滋味大概的溶液阈值浓度。

材料

- 蔗糖（摩尔质量 342. 3g/mol）——0. 01，0. 02，0. 04mol/L——各 1000mL
- 氯化钠（摩尔质量 58. 4g/mol）——0. 01，0. 02，0. 04mol/L——各 1000mL
- 酒石酸（摩尔质量 150. 1g/mol）——0. 0002，0. 0005，0. 0010mol/L——各 1000mL
- 咖啡因（摩尔质量 1942g/mol）——0. 0005，0. 001，0. 002mol/L——各 1000mL
- 涂抹棒

完成时间：30min

步骤

用水漱口，然后品尝少量的各个系列的最低浓度的溶液；再用水漱口，然后品尝第二低浓度的溶液。重复上述实验过程，直到滋味可以被分辨出，记录其浓度。

实验 2　温度对滋味的影响

介绍和目的

所有的基本滋味与温度都有相互作用，也就是说在一个特定温度下它们有一个最大的强度（在给定浓度下）。在较高或较低的温度下对感官的影响都会减小。本实验的目的就是确定温度对蔗糖溶液甜度的影响。

材料

- 蔗糖溶液（100g 蔗糖/L）——1L　分成 3 份并储存在适宜温度下

完成时间：10min

步骤

将蔗糖溶液分为 3 部分，并分别放置于 4℃、30℃和 49℃。再将这 3 份按照甜度划分等级。在对不同的溶液进行品尝时要漱口。

最甜 ________________

较甜 ________________

最不甜 ________________

实验3 对苯基硫脲的品尝

介绍和目的

并不是所有人都能准确地品尝出四种基本滋味，在某些情况下品尝结果甚至完全不同。品尝对苯基硫脲（译者注：PTC，一种用于人类遗传学研究的味觉实验的结晶物）的能力（通常被检测为苦味）一般是一种显性遗传性征。大约有2/3～3/4的人可以尝出PTC的苦味（尝味者），而其余的人则不能（非尝味者）。本实验的目的就是确定你是否是尝味者。

材料

- 品尝纸（PTC，Carolina Genetics公司，17－4010）

完成时间：5min

步骤

用舌头接触品尝纸，停留30～60s，将纸移开，咽下口水，然后记录反应。

实验4 糖类甜度的比较

介绍和目的

糖通常被用作甜味剂，但并不是每种糖的甜度都相同。从结构与功能关系上来说，不同分子结构和形状的糖具有的甜度也不同。本实验的目的就是比较几种单糖和双糖的相对甜度。

材料

- 果糖——50g
- 葡萄糖——50g
- 蔗糖——50g
- 乳糖——50g
- 涂抹棒

完成时间：5min

步骤

用涂抹棒将样品沾到舌头上。停留10～20s，然后比较和记录各种糖的相对甜度。

实验5　鉴定样品

介绍和目的

我们通过各种感觉器官与食品发生相互作用。与食品中长距离相互作用的感觉是视觉和嗅觉作用。这些感官为我们提供用于判断食品的质量和可接受程度的相关信息。如果不能看到或闻到，那么评价食品质量，甚至鉴别食品都将十分困难。本实验的目的就是举例说明视觉和嗅觉对产品鉴别的重要性，并且推断出香气对食品风味的贡献。

材料

- 五种不同的果汁（水果和/或蔬菜，如苹果、葡萄、杏、柚子、番茄）——每种1L
- 眼罩
- 棉花

完成时间：30min

步骤

用棉花塞住鼻子，并戴好眼罩，只通过品尝确定每种样品。然后将棉花取出，再品尝同样的五种果汁，之后确定。

问题

仅用品尝可以正确地鉴别出是哪种果汁样品吗？当同时用品尝和闻气味呢？

实验6A　差异检验

介绍和目的

检测食品的方法很多。“强迫选择”（对于评定员）是比较简单的方法，它包括成对比较或三角检测；有些则比较复杂，如等级排列或划分、等级鉴定、强度估计或者按喜好程度排序。本实验的目的就是熟悉食品中常用的各种感官评价方法。

材料

- 按照附录指导准备好苹果汁溶液

完成时间：30～45min

步骤

实验溶液是添加不同数量5%柠檬酸的苹果汁（见附录）。

集中于风味的一个方面：酸味。品尝，但不能喝样品。

（1）成对实验

简单区别：样品545与样品390是否具有同等的酸味？

（2）方向性区别：哪一种样品（545 或 390）更有酸味？ ________________

（3）三角检测或奇数样品的检测：在酸味上哪一种样品（923、517、886）与另外两个不同？ ________________

（4）排序：在下面所提供的合适位置将五种样品（904、792、534、459、609）按照酸味降序排列。

最酸　____________________

　　　____________________

　　　____________________

　　　____________________

最不酸　____________________

（5）划分等级：按照下面的六点刻度将样品（269、109、919）按酸味降序排列。对照样品得分为4。

① ____________________

② ____________________

③ ____________________

④ ____________________对照样品（果汁中包含 2% 浓度为 5% 的柠檬酸）

⑤ ____________________

⑥ ____________________

实验 6B　描述性实验

等级鉴定：结构性的

将酸度按照如下的顺序给样品（512、204、843）鉴定等级：

无　____________________

轻微____________________

中等____________________

强烈____________________

极端____________________

等级排列：非结构性的

根据样品酸度，在下面的横线上用竖线为每个样品画一条垂直线，并做标记，为样品（512、204、843）的酸度排列等级。

无酸味　|————————————————————|　极端酸味

实验 6C　影响性实验

成对选择

哪一个样品（545 或 904）你更喜欢？ ____________________

按喜好程度分类

在下面合适的方格中给样品 843 分类。

表 8.1 按照喜好程度分类

□	□	□	□	□	□	□	□	□
极度不喜欢	非常不喜欢	中度不喜欢	轻度不喜欢	无喜好	轻度喜欢	中度喜欢	非常喜欢	极度喜欢

问题

（1）你能在成对测试中正确地鉴定更酸的苹果汁样品吗？你猜对的几率有多大？

（2）你能在三角检测中正确地鉴定奇数样品吗？如果你在 3 个样品中无法区别，你会如何随机选择奇数样品？

（3）在排序实验中哪个样品被排错了？在给 5 个样品划分等级时，要做多少次成对比较？

（4）在实验 6A 的第五部分所涉及的样品中酸的浓度是多大？你能正确地鉴定和酸溶液相同浓度的实验果汁吗？你会将含酸较少的果汁样品排在对照样品之下吗？你会将含较多酸的果汁样品排在对照样品之上吗？

（5）为什么设置对照样品？

（6）在描述性实验中什么因素可能影响某个具体样品的位置？

（7）如何量化实验 6B 的非结构性实验？

（8）哪种类型的感官评定适用于消费者？

实验 7　受体的适应性

介绍和目的

滋味或气味分子的受体细胞和在其内部发生的生化反应可以调节人体对刺激物的品尝或嗅闻的能力。在味觉或嗅觉作用的最初阶段，被品尝或嗅闻的分子首先结合到受体上。被结合的分子在受体上的结合和为重复结合行为而进行的释放均为时间依赖性事件，这会导致所谓的疲劳或适应。此实验的目的就是举例说明味觉和嗅觉受体的适应。适应的定义是指当感官细胞连续暴露在特定刺激物或相似的刺激物中时，就会导致它对该刺激物失去或改变敏感性。

材料

- 3% 的氯化钠溶液——500mL
- 咖啡浓缩物——500mL
- 秒表

完成时间：10min

步骤

（1）在嘴中放少量的氯化钠溶液，并记录盐的感觉平息的时间。

（2）在距离鼻孔 8cm 的地方放一含热咖啡浓缩物（70℃）的大烧杯，用鼻孔深深地吸入热咖啡浓缩物散发的气味，然后呼出。按照从 0 ~ 5 的排列顺序记录气味的强度值，其中 0 = 无气味，5 = 强烈气味。重复吸入和呼出 10 次，记录每次的气味强度值。连续吸入和呼出，记录完全适应所需要的总时间（min）。

9　实验：食品的客观评价

本实验的目的是通过老师示范或学生参与使学生熟悉一些评价食品要素的客观方法。这对以后的实验和制定个人的研究计划均有帮助。本实验不包括一些在分散实验中会用到的方法。相关实验仪器的使用将在本书的实验仪器指导（第20章）给出。

质构

（1）柔嫩度

- 质构分析仪——检测任何一种食品。
- 剪切力测试仪——检测蔬菜和肉类。
- 压缩仪或透度计——检测焙烤食品、干酪、凝胶。
- 酥松性测定仪——检测饼干、糕点。

（2）细胞结构

- 照相——检测焙烤食品。

（3）体积

- 种子置换法——检测焙烤食品。
- 补偿型极点求积仪——检测松饼。
- pH 计——检测果汁。

（4）颜色

- 亨特色差计或光电反射计——检测 3 种牛奶，如全脂牛奶、含脂 2% 的牛奶和脱脂牛奶。

10　实验：食品的物理性质

本实验将研究食品或食品成分的一些物理性质，包括水分活度、黏度、相对密度和折射率。

水分活度

与食品的水分含量相比，食品或食品成分的水分活度（A_w）通常直接影响食品的下列特性：① 受化学因素、酶因素、微生物变化所影响的货架期稳定性；② 与其它食品、配方和包装的相容性。此外，A_w还直接或间接地影响食品的结构、外形、气味、滋味、冻融稳定性和微生物的、化学的及许多其它主观或客观的性质。

水分活度的定义是p/p_0，其中p代表食品样品中水蒸气的分压，p_0是相同温度下纯水水蒸气的压力。水分活度也可以定义为平衡相对湿度（ERH）除以100。

$$A_w = p/p_0 = ERH/100$$

食品的A_w可以用水分活度计（参见本书后面的实验仪器指导（第20章））准确测量，或通过在一个密闭小盒中以标准溶液（它会在小盒中产生一个已知的平衡相对湿度）平衡食品样品，将其校准到一个特定A_w，然后用检测质构的方法进行测定。

黏度

流体在流动时都会受到阻力，并且许多固体在受到改变其形状的力时具有逐渐屈从的趋势。这种性质是物质内部存在摩擦力的表现，这种摩擦力即被称作黏度。黏度测量的作用有：确定淀粉、果胶、蛋白质的水解程度；确定向食品中加入添加剂（如凝胶剂或乳化剂）的量；研究热对加工过程的影响程度，如蛋白变性；测定食品如蜂蜜中的水分含量等。黏度计可以用来测量绝对黏度，单位用帕·秒（Pa·s）表示。黏度的另一个曾用单位是厘泊（cP）。$1\text{Pa}\cdot\text{s} = 1\times10^3\text{cP}$。研究者通常比较感兴趣的是与对照样（比如水）相比的黏度，即相对黏度。可以通过测定液体流过刻度开口管或移液管等管子的时间计算相对黏度。

流体分为牛顿流体和非牛顿流体。牛顿流体的特征是流动的速度直接与施加的力呈正比。玉米糖浆是一种真流体，在外力增加的情况下可以显示牛顿流体的特性。水也是自然界的一种牛顿流体。番茄酱是天然的宾汉可塑性流体，会显示非牛顿流体的特性，随着外界施加的力的增加，它的表观黏度会发生变化。对于非牛顿流体，表观黏度和稠度可以互换。大多数食品体系都显示出非牛顿流体的特性。牛顿流体和非牛顿流体的黏度都会随着温度的升高而减小（但某些微生物胶如黄原胶和结冷胶，在较宽的温度范围内黏度只发生微小的变化）。

相对密度

密度，是指在特定温度下单位体积的质量，可作为鉴别食品的一个物理性质。相对密度作为一个相关参数，常被用来代替密度。相对密度是物质在特定温度下与水在4℃时的密度的比值。水在4℃时的相对密度是1.0。水在20℃的密度是0.99823g/cm^3，这与1非常接近，所以在很多情况下所用的水的温度不必是4℃。相对密度的测量可以用于检测食品是否掺假、食品质量和食品的组成，比如牛奶中的水或脂肪的含量、水果罐头或果汁中的糖浆浓度和饮料中的酒精含量。

液体的相对密度可以用相对密度计来测量。相对密度计是基于阿基米德原理设计的，即悬浮在液体中的固体，其排开液体的质量与所受浮力相等。样品的密度越低，相对密度计就会下沉的越低。糖度计是一种通过质量（波美度，°Bé）折算出蔗糖百分含量的相对密度计。折射仪可以测量在蔗糖果汁和水果产品中的可溶性固体含量，其原理是溶液的折射率与可溶性固体含量成正比。

实验1 水分活度

介绍和目的

水分活度对食品的许多质量具有十分重要的影响，如质构、外观和货架期。通过在一个密封的容器中（如干燥器）将食品放在不同的浓盐溶液（见表10.1）上平衡，可以将其调整到特定的水分活度。本实验的目的是举例说明不同相对湿度（和A_w）对质构和食品的可视感官品质的影响，并测定其大致的A_w。

表10.1 湿度箱中的饱和溶液

相对湿度/%	A_w	混合物	在环境温度下使液体饱和的浓度
7.0	0.070	NaOH	120g/100mL 水
22.5	0.225	$KC_2H_3O_2$	253g/100mL 水
42.8	0.428	K_2CO_3	112g/100mL 水
56.0	0.560	$Ca(NO_3)_2 \cdot 4H_2O$	121g/100mL 水
81.8	0.818	$(NH_4)_2SO_4$	80g/100mL 水

注：用蒸馏水或去离子水配制溶液。配制溶液时可以加热，但要在将它们放在湿度箱内之前充分冷却。

注意：NaOH溶液较为危险，处理所有溶液时都要特别小心。

方法和材料

按照表10.1将饱和溶液制备好，并放在5个湿度箱（干燥器）内。在50g的塑料杯中放置代表性的样品（每种至少5个），在湿度箱内存放两周。与新鲜样品对比。

利用前面介绍的技术评价在表10.2列出的食品。

表10.2 在不同湿度下贮藏后的食品和评价它们的方法

食品产品	评价技术
苏打饼干	酥松性测定仪；质构分析仪——刀形探针
牛顿牌无花果馅	透度计——针尖；质构分析仪——刺穿探针
成熟的切达干酪	透度计——针尖+50g力；质构分析仪——刺穿探针
乳酪干酪	透度计——锥形；质构分析仪——锥形探针
胡萝卜或芹菜	Warner Bratzler剪切力测试仪；质构分析仪——刀形探针
硬糖	语言描述；质构分析仪——圆筒探针，拉伸模式

用水分活度计测量所贮藏饼干和乳酪干酪的 A_w。注意：不可以吃这些食品。

完成时间：1h

备注：干燥器中的食品要提前两周准备，并贮藏在冰箱中防止霉菌生长。

评价和问题讨论

（1）用曲线图表示所测定的数据和 A_w 变化关系。确定每种食品在最佳质量（新鲜产品）时的近似 A_w。

（2）用水分活度测定系统测量的 A_w 与从饱和溶液的相对湿度估计的值接近吗？什么情况可能导致这些差异？

（3）A_w 与产品的水分有直接关系吗？请讨论。

（4）包装破裂对与水分活度相关的产品货架期有何影响？

（5）干酪和饼干这些休闲食品用于零售时，为什么干酪和饼干的 A_w 必须相同？如何使干酪保持其柔软的质构？（注意：考虑保湿剂）

（6）提出一些其它的能在主观或客观上评价 A_w 对食品的影响的检测建议。

如需更深入地了解 A_w，可参阅以下材料：

（1）Rockland，L. B.，Saturated salt solutions for static control of relative humidity between 5℃ and 40℃，*Anal. Chem.*，32，1375，1960.

（2）Karrel，M.，Water activity and food preservation，in *Principles of Food Science—Physical Principles of Food Preservation*，Marcel Dekker，New York，1975，part II，p. 253.

实验 2 黏度

介绍和目的

许多食品都可以描述为黏性流体。黏度（稠度）是食品的重要性质，可以决定品尝者对它们的感官反应。然而，黏度并不是唯一的重要因素。流体的类型（牛顿流体或非牛顿流体）对食品最终感官特性也很重要。本实验的目的就是采用 Bostwick 稠度计和线性铺展仪测定相对黏度，研究温度对黏度的影响，并采用 Bostwick 稠度计研究外力对表观黏度的影响。

材料

- 番茄酱——1L
- 玉米糖浆——1L
- 稠度计
- 线性铺展仪
- Brookfield 黏度计
- 2 个 600mL 的大烧杯

完成时间：30min

步骤

（1）在2个大烧杯中倒入玉米糖浆。其中一个温度为10℃，另一个温度为20℃。用线性铺展仪测定其相对黏度。参阅实验仪器指导（第20章）。流动时间为1min。

（2）用番茄酱代替玉米糖浆重复步骤（1），并用稠度计代替线性铺展仪测定稠度。流动时间为2min。

（3）在一个600mL的大烧杯中倒入玉米糖浆，另一个600mL的大烧杯中倒入番茄酱。采用Brookfield黏度计（使用4号转子）在6、12、30、60r/min转速下分别测定2个样品的黏度。在使用Brookfield黏度计时可参阅实验仪器指导（第20章）。

（4）将数据绘成图。

问题

（1）什么因素影响一种流体的表观黏度？

（2）如何运用Brookfield黏度计确定一种流体是牛顿型还是非牛顿型？

实验3　相对密度和折射率

介绍和目的

许多牛顿型流体是溶质为相对分子质量较低的物质的稀溶液，比如将蔗糖溶解在水中制备的糖浆或溶解有糖的果汁。在包含不同含量的分散的脂肪/油脂乳状液中，其相对密度就可能不同。本实验的目的就是举例说明相对密度计和折射仪在测定液体中某种物质绝对浓度或相对浓度中的应用。

材料

- 相对密度计
- 糖度计
- 折射仪
- 全脂牛奶——250mL
- 脱脂牛奶——250mL
- 17%（质量分数）蔗糖溶液（溶液A）——250mL
- 27%（质量分数）蔗糖溶液（溶液B）——250mL
- 刻度范围是1～2的相对密度计或者检乳器
- 糖度计——波美度范围10%～50%

完成时间：30min

步骤

（1）将全脂牛奶和脱脂牛奶的温度调节到校准相对密度计所用的温度。将样品转移到合适的圆筒中。将清洁、干燥的相对密度计慢慢下落到每种样品中。当泡沫消失、相对密度计稳定时读数。更多的各种型号相对密度计的使用信息可参见实验仪器指导（第20章）。

（2）用糖度计测量 17% 的蔗糖溶液和 27% 的蔗糖溶液中蔗糖的百分含量。

（3）用折射仪测定与步骤（2）相同的蔗糖溶液中的可溶性固体的含量。在使用折射仪时参见实验仪器指导（第 20 章）。比较糖度计和折射仪获得的结果。

问题

（1）牛奶中的脂肪浓度对牛奶相对密度有什么影响？

（2）牛奶是什么分散系？

（3）什么时候用糖度计比折射仪更加理想？

11 实验：物质的分散体系

食品分散体系是在一个连续相中包含一个或多个分散的或非连续的相的体系。在食品体系中，连续相通常是水或者可食用油。分散相可以按照分子的大小来分类。真溶液是单相体系，分子的大小小于1nm。胶状的分散体系包含两个或更多的相，分散相的分子大小在1～100nm之间。悬浮液的分散相分子大小要大于这个值，会发生重力沉降。

真溶液中的分子足够小，许多分子可占据一定的空间。在给定空间中，溶液的性质包括沸点、凝固点、蒸汽压和渗透压依赖于粒子数（而不依赖于这些粒子的种类），这就是依数性。本实验将研究两种依数性，即沸点升高和凝固点降低。其数学表达式是：

$\Delta T = K_b$或K_f×（溶质质量/溶剂质量）×（1000/溶质摩尔质量）×溶液中每摩尔分子含有的粒子数

式中 K_b——沸点升高常数，以水为溶剂的溶液中，1000g溶剂中含有1mol溶质时为0.51℃

K_f——凝固点降低常数，以水为溶剂的溶液中，1000g溶剂中含有1mol溶质时为-1.86℃

分散体系也可以按照粒子的物理状态来分类。以此方法进行分类，分散体系分为溶胶（固体分散在液体中）、乳状液（液体分散在液体中）和泡沫（气体分散在液体中）。许多食品（液态奶，色拉调味品）的连续相中包含不止一种分散相。乳状液和泡沫通过表面活性剂和乳状液稳定剂的作用而稳定，表面活性剂可以降低界面/表面的张力，乳状液稳定剂会增加连续相的黏度。

实验1 溶液

介绍和目的

在食品中常可以见到溶液的沸点升高和凝固点降低等依数性现象，比如糖果制作的终点温度和冷冻甜点的冻结温度中分别体现了这两种现象。这些依数性是水与水中的化合物相互作用的结果，并依赖于溶液中存在的粒子数，而与粒子种类无关。本实验的目的就是说明溶质对沸点和冻结点这两个依数性的影响。

材料

- 蔗糖——200g
- NaCl（试剂级）* ——40g

完成时间：1～1.5h

备注：沸腾的溶液很烫，需小心。

* 精制食盐由于包含抗结剂，不能形成清澈的溶液。

步骤

（1）通过测定去离子水的沸点校准温度计。

（2）按下列要求操作。

a. 将 30g NaCl 在 400mL 的大烧杯中溶解于 300mL 去离子水，制备 NaCl 溶液。

b. 将大烧杯放在垫有石棉网的电炉上。利用温度计架子将温度计悬于大烧杯中。开始加热直到沸腾。

c. 分别在 101℃、105℃和 106℃时将大约 2mL 的溶液转移至事先标记好的试管中。不要提前记录温度。用前述公式计算在每个沸点处的预期盐浓度（g 溶质/g 溶剂）。通过替代公式中的“溶质质量/溶剂质量”，将浓度转化成百分含量：

$$\frac{x}{x+1}\times 100 = \%$$

式中　x = 溶质质量/溶剂质量

d. 用折射仪测定可溶性固形物的百分含量。

e. 绘制出沸点与用折射仪测量的可溶性固形物百分含量的关系，并从图的轮廓推断出计算的固形物百分含量。

（3）按下列要求操作。

a. 将 30g 蔗糖在 400mL 的大烧杯中溶解于 300mL 去离子水，制备蔗糖溶液。

b. 将大烧杯放在垫有石棉网的电炉上，利用温度计架子将温度计悬于大烧杯中，开始加热到沸腾。

c. 分别在 100.5℃、101.5℃和 102℃时将大约 2mL 的溶液转移至事先标记好的试管中。不要提前记录温度。

d. 用折射仪测定可溶性固形物的百分含量。

（4）按下列要求操作。

a. 将 150g 蔗糖在 400mL 的大烧杯中溶解于 300mL 水，制备蔗糖溶液。

b. 将大烧杯放在垫有石棉网的火炉上。利用温度计夹和环形架子将温度计悬于大烧杯中。开始加热到沸腾。

c. 分别在 103℃、106.5℃、112℃、114℃和 130℃时将大约 2mL 的溶液转移至事先标记好的试管中。不要提前记录温度。温度在 112～114℃时将快速升高。

d. 用折射仪测定可溶性固形物的百分含量。

（5）从步骤（3）和步骤（4）计算预期的蔗糖浓度，同步骤（2）e 中一样，在同一张图上绘制沸点与预期浓度和观测浓度的关系。

（6）按下列要求操作。

a. 准备 50g 质量分数为 10% 的蔗糖溶液和 50g 质量分数为 10% 的 NaCl 溶液。

b. 通过将温度计放置在含有足够覆盖温度计球形物的溶液的试管中，测定浓度为 10% 的溶液的冻结点。将试管放在冰∶NaCl = 4∶1 的混合物中，观察溶液冻结的温度。

问题：

（1）为什么蔗糖计算出来的与观察到的浓度不一样？而 NaCl 则没有不同？

（2）为什么 NaCl 在高于 107℃时不能达到沸点？

（3）什么是糖丝的沸点？软球阶段？硬球阶段？硬脆阶段？最终沸点与软糖或太妃糖的蔗糖浓度和硬度有何关系？

（4）列举真溶液的特性。

实验 2　乳状液

介绍和目的

乳状液在食品体系中广泛存在，（如色拉调味品、蛋黄酱、全脂牛奶），它是两种互不相溶的液体形成的混合物。乳状液可能是暂时性的（几分钟就发生相分离），也可能是永久性的（数月或更长时间也不发生相分离）。为获得永久性的乳状液，常需要使用乳化剂。乳化剂的作用就是降低水相和油相之间的界面张力，以减少相分离的驱动力。本实验的目的就是举例说明不同物质作为乳化剂的效果。

材料

- 苏丹红染料——0.01g
- 植物油——500mL
- 电动搅拌机或 Sorvall 匀浆机
- 蛋黄——2mL
- 液体清洁剂——2mL
- 显微镜载玻片和盖玻片
- 卵磷脂——2g
- 聚氧乙烯山梨糖醇酐单棕榈酸酯（吐温 40）——5mL
- 蔗糖酯（Ryoto Sugar Ester S－170，HLB 1）——2g
- 蔗糖酯（Ryoto Sugar Ester S－170，HLB 15）——2g
- 显微镜
- 试管或小烧杯

完成时间：1～1.5h

变化

见表 11.1。

表 11.1　　制备乳状液时的变化

乳化剂	油的体积/mL	水的体积/mL	溶解乳化剂的液体
油/水（O/W）型乳状液			
（1）对照（无乳化剂）	10	40	—
（2）卵磷脂——0.5g	10	40	油
（3）蛋黄——0.5mL	10	40	水
（4）清洁剂——0.5mL	10	40	水

续表

乳　化　剂	油的体积/mL	水的体积/mL	溶解乳化剂的液体
(5) 胆汁——0.5g	10	40	水
(6) 吐温 40——0.5g	10	40	油
(7) 蔗糖酯（Ryoto Sugar Ester S－170，HLB 1）——0.5g	10	40	水
(8) 蔗糖酯（Ryoto Sugar Ester S－170，HLB 15）——0.5g	10	40	油
水/油（W/O）型乳状液			
(9) 对照（无乳化剂）	40	10	—
(10) 卵磷脂——0.5g	40	10	油
(11) 蛋黄——0.5mL	40	10	水
(12) 清洁剂——0.5mL	40	10	水
(13) 胆汁——0.5g	40	10	水
(14) 吐温 40——0.5g	40	10	油
(15) 蔗糖酯（Ryoto Sugar Ester S－170，HLB 1）——0.5g	40	10	水
(16) 蔗糖酯（Ryoto Sugar Ester S－170，HLB 15）——0.5g	40	10	油

步骤

(1) 用少量的脂溶性苏丹红染料给油染色。

(2) 将乳化剂混入液体中并确定所做的变化。

(3) 将油和水倒入 Sorvall 匀浆机或搅拌机的样品杯中。

(4) 以速度 5 挡（Sorvall）混合 30s 或在搅拌机中以中速混合。

(5) 倒入烧杯或试管中并观察。

(6) 用显微镜观察乳状液并确定制备的是油/水（O/W）还是水/油（W/O）型乳状液。

问题

(1) 比较乳化剂的种类如何影响乳状液的形成以及 O/W 和 W/O 乳状液的稳定性。

(2) 良好的乳化剂应该具有什么性质？

(3) 如何按照亲水－亲油平衡值（HLB）对乳化剂进行分类？

(4) 奶油是何种乳状液？黄油呢？色拉调味品呢？

(5) 在生产人造黄油时应选择哪种乳化剂（高还是低 HLB 值）？色拉调味品呢？

(6) 为什么清洁剂是良好的清洁用品？

(7) 胆汁在消化和吸收脂肪上有什么作用？

实验 3　蛋白质的起泡性

介绍和目的

泡沫由气体分散在液体中生成，它在食品中广泛存在，如生奶油、碳酸饮料中的泡沫。作为一相在另一相中的分散体系，泡沫同乳状液一样具有不稳定性。然而，有些食品组分，特别是蛋白质，能够稳定泡沫。本实验的目的就是比较各种蛋白质的起泡能力，研究泡沫形成和稳定的机理，并确定其它化学物质和温度对蛋白质起泡性的影响。

材料

- 蛋清蛋白——1g
- 大豆蛋白（Mira－Foam 100，Gunther Products，Staley）——1g
- 乳清浓缩蛋白——1g
- 油——1mL
- 电动搅拌机或 Sorvall 匀浆机
- 酪蛋白酸钠——1g
- 玉米淀粉——1g
- 蔗糖——1g
- 100mL 量筒

完成时间：1～1.5h

备注：由于本实验要求将样品准备好并观察一定的时间，所以如果实验小组安排多个实验的话，本实验要第一个做。

步骤

（1）用蒸馏水配制 100mL 以下的分散体系。

a. 0.5% 酪蛋白酸钠

b. 0.5% 乳清浓缩蛋白

c. 0.5% 蛋清蛋白

d. 0.5% 大豆蛋白

e. 0.5% 大豆蛋白 +0.5% 玉米淀粉

f. 0.5% 大豆蛋白 +0.5% 蔗糖

g. 0.5% 大豆蛋白 +0.5% 植物油

h. 0.5% 大豆蛋白 +0.5% NaCl

（2）将 50mL 溶液 a 注入一个 Sorvall 匀浆机样品杯中，在速度 5 挡下混合 30s，然后放入 100mL 量筒中。如果用搅拌机，应在中速搅拌 30s。将分散体系 a 的剩余部分同样操作。接着将分散系 b～h 做同样处理。最后得到 a～h 每种各 2 个量筒的搅拌分散体系。

（3）将一组包含 a～h 分散体系的量筒置于室温，另一组置于 40℃ 水浴中。

（4）在混合后 0min、5min 和 30min 时测定泡沫体积。

问题

（1）做出每种分散体系在不同温度下泡沫体积随时间变化而减少的曲线。

（2）作为以下变量的函数，比较泡沫的体积和稳定性：

a. 蛋白质的性质

b. 存在于蛋白中的成分类型

c. 温度

12　实验：脂　　质

脂质的分布很广泛，几乎各种天然食品中都含有一定量的脂质。在食品的制备过程中，脂质常作为嫩化剂被应用，或作为乳化剂的一相，或在油炸食品中作为热量传递的一种介质，或用于改善食品的风味和醇厚感。脂肪和油脂（甘油三酸酯或三乙酰甘油酯）在水中不溶而能溶解在有机相中。常用相对密度来确定其是脂肪还是油脂。油脂的折射率通常用于确定其氢化程度。链长或者脂肪酸的不饱和程度的改变会引起折射率发生变化。在脂肪或含脂肪的食品的储存过程中，人们所关心的是如何防止酸败。

实验1　脂质和脂肪酸的气味及物理状态

介绍和目的

化合物是否具有气味取决于其相对分子质量。相对分子质量和其它的结构特征（链长、不饱和度）也影响脂肪酸和脂质的物理性质，如熔点。对脂质而言，气味主要由游离脂肪酸产生，这些风味令人较不愉快，至少对于低相对分子质量的脂肪酸（$C_4 \sim C_{10}$）是这样的。本实验的目的就是说明普通食品脂质和脂肪酸的气味和物理状态。

材料

- 猪油——10g
- 氢化植物油——10g
- 精炼玉米油或棉籽油——10mL
- 硬脂酸或棕榈酸——10g
- 丁酸或已酸（不需从储存瓶中移走，这种脂肪酸要在通风橱中操作）——1mL
- 橄榄油——10mL
- 黄油——10g
- 人造奶油——10g
- 海产油——10mL
- 蔗糖酯——10g
- 蔗糖聚酯——10g

完成时间：15min

备注：嗅闻丁酸时不要拿走容器的顶盖，如果拿走的话，确保在通风橱中嗅闻。

步骤

取每种脂质或脂肪酸大约10g放入50mL大烧杯中，用铝铂覆盖，在室温下平衡。描述这些脂质的气味。将嗅闻到的气味与结构、精炼程度和所经过的加工联系起来。

实验 2　溶解度、相对密度和折射率

介绍和目的

可以采用多种方法来表征脂质。它们能溶于有机溶剂而不溶于水，相对密度小于1.0。脂质还可以用折射率来表征，其折射率与特殊的结构特征，如不饱和度和链长有关。本实验的目的就是举例说明脂质的这些特征。

材料

- 植物油：玉米油、大豆油、棉籽油、红花油、花生油、橄榄油——各 250mL
- 20mL 氯仿
- 20mL 甲苯
- 20mL 酒精
- 250mL 量筒
- 相对密度计
- 折射仪

完成时间：30～45min

备注：当用有机溶剂时，要在通风橱中操作并戴上手套。

步骤

（1）在 1 支大试管（25mm×200mm）中，加入 20mL 水和 5mL 植物油。用力摇晃后观察。

（2）取 3 支大试管（25mm×200mm），分别加入 20mL 甲苯、20mL 酒精和 20mL 氯仿。再在每个试管中添加 5mL 的植物油。用力摇晃后观察。

（3）在 15.6℃下将植物油装满量筒。将相对密度计放入油中，测定油的相对密度。

（4）测定每种油的折射率。在使用折射仪时参考实验仪器指导（第 20 章）。

问题

（1）油在哪种溶剂中会溶解？为什么？

（2）油的什么性质可以通过相对密度来说明？

（3）将各种油的结构与其折射率关联起来。

实验 3　吸水能力

介绍和目的

在某些食品体系中，脂肪必须被混合并保持混合状态。脂肪吸收水的程度被称为吸水能力，这对蛋糕等某些食品体系十分重要。不同脂肪的吸水能力不同，这与它们的构成有较大关系。本实验的目的就是说明商业脂类的吸水能力。

材料

- 猪油——100g
- 氢化起酥油——100g
- 人造奶油——100g
- 滴管——5支
- 软人造奶油——100g
- 黄油——100g

完成时间：1h

备注：搅打脂肪时，缓慢而逐步地加水。

步骤

在室温下将每种脂质（均为100g）转移到电动混合器的小碗中。缓慢搅打，在均一的速率下（约20mL/min）用滴管将水加到脂肪中，直到发生相分离。记录每种脂肪（100g）吸收的水的体积。将结果作成图。

问题

（1）什么因素影响脂肪的乳化能力？

（2）为什么脂肪的乳化能力很重要？

实验4　脂肪的可塑性

介绍和目的

除了将水吸收进入脂肪（实验3）之外，将空气吸收进入脂肪有时也是很重要的，比如在乳化脂肪和蔗糖制得的蛋糕混合物中，吸入的空气是造成这些产品体积膨胀的重要原因。吸入空气的能力与脂肪的结晶大小有关（一般脂肪结晶越小，能结合的空气越多）。本实验的目的就是说明各种脂肪的膏化能力。

材料

- 猪油——100g
- 氢化起酥油——100g
- 人造奶油——100g
- 软人造奶油——100g
- 黄油——100g
- 蔗糖——750g

完成时间：1h

步骤

使用与实验3相同的脂肪，测定经搅打进入的空气的相对量，具体操作如下：将脂肪转移（每种100g）到电动混合器的小碗中。在2min之内逐渐添加150g绵白糖（粒状）。然后再连续搅打3min。将奶油混合物转移至一个预先称重的杯中并测量一杯膏化的脂肪的质量。测量同样满的一杯水的质量，确定膏化的脂肪的相对密度。相对密度的测量方法可参见实验仪器指导（第20章）。将结果制成图。

问题

（1）什么决定脂肪膏化的能力？

（2）为什么脂肪膏化的能力很重要？

实验5　巧克力中的脂肪起霜

介绍和目的

可可脂以多种（Ⅰ～Ⅵ）晶型的形式存在，这些晶型的融点依次升高。另外一种命名系统对这些形态的命名是：Ⅰ＝γ，Ⅱ＝α，Ⅲ和Ⅳ＝β′，Ⅴ＝β2，Ⅵ＝β1。当脂肪晶体的不稳定晶型发生融化，到达表面，再重新结晶成为粒度更大、更稳定的Ⅵ型晶体时，会在表面覆盖一层白色或灰色的外衣，这就是巧克力表面的脂肪起霜。为避免或延迟起霜，有必要在开始贮存的时候就让尽可能多的可可脂以较为稳定的Ⅴ型晶体存在，并避免高温贮存。快速冷却会形成小的不稳定的晶体和晶种。如果部分结晶的巧克力经过适当的退火（保持在32℃）处理，将即将形成的不稳定的Ⅰ～Ⅵ型晶种融化，接着再经过缓慢冷却，就可以形成以更稳定的晶型为主的结晶。本实验的目的就是举例说明在退火过程中冷却速度和加入晶种对巧克力晶体结构的改变。

材料

- 无糖巧克力——56g
- 铝制平底锅

完成时间：2h

备注：如果做此实验的小组也安排了其它实验，那么应该先做此实验，因为它在所有的加热、冷却、再加热、再冷却的过程中要花费大量的时间。

步骤

（1）在1个100mL的大烧杯中熔化2块（56g）无糖巧克力。用水浴或烘箱加热，避免过热，并防止湿气进入巧克力。巧克力在38℃时完全熔化。

（2）称取6g熔化的巧克力放入铝盘中，并在底部均匀铺成一个薄层。放入冷冻箱中大约20min。拿出并将其破碎成小片。再在冷冻箱中放置10min使其充分冷却。

（3）30min之后，调节剩下的熔化的巧克力到34℃。将冻结的巧克力迅速放入热巧克力中。搅拌巧克力1min或直到小片融化而且混合情况良好。

（4）将一半的巧克力倒入铝盘，冷却60min。

（5）在剩余的一半中通过将样品再加热到大约40℃破坏任何的晶种。将其倒入另外一个铝盘并冷却60min。

问题

（1）比较样品和未熔化的巧克力块的表面颜色和外观。

（2）描述为什么特定处理会影响观察到的表面光泽。

实验 6 氧化酸败

介绍和目的

由于化学结构的原因，不饱和脂肪和油脂容易氧化降解，这就是所谓的氧化酸败。这是一类自由基链式反应，涉及从脂肪酸链上脱除一个有反应性的烯丙基上的氢，随之产生一系列的氧化、重组、链的断裂和风味化合物的产生。在本实验中，用胡萝卜素作为脂肪酸败反应的标记物。本实验的目的是研究影响脂肪酸败的因素（光、温度、抗氧化剂、氧化强化剂）。

材料

- 炼好的猪油——50g
- 胡萝卜素——10mg
- 氯仿——1mL
- 滤纸——直径 7cm
- 有圆形滤纸片的培养皿
- 0.01% $CuSO_4$——25mL
- 0.001% BHA——25mL
- 0.5% 血色素——25mL
- 饱和盐溶液——25mL
- 萝卜叶提取物——80mL
- 新鲜洋葱顶部提取物——80mL
- 白马铃薯提取物——80mL

完成时间：2h

备注：如果做此实验的小组也安排了其它实验，那么应该先开始做这个实验，因为氧化反应的发生需要一定时间。

步骤

取 50g 炼好的猪油，添加 10mg 溶解在少量的氯仿中的胡萝卜素。用塑料钳子、骨头钳子或覆盖聚乙烯的钳子，将小滤纸（直径 7cm 的较方便）浸到熔化的脂肪中并保持 20s。转移到培养皿中，并做如下的处理：

（1）温度和光对脂肪氧化的影响

a. 将培养皿盖住并在室温下储存于暗处。

b. 将培养皿盖住并储存在光下（可能的话直接阳光照射）。

c. 将培养皿盖住并储存在冰箱中。

d. 将培养皿盖住并储存在60℃的培养箱中。

（2）抗氧化剂和促氧化剂：在这些实验中，将小的圆形滤纸片浸入待测溶液中（如下），将几张浸满不同待测液的滤纸片放置在浸有胡萝卜素－猪油混合物的滤纸上。将内含滤纸的培养皿翻过来，扣在含有水的培养皿盖上（水封），不同测试使用单独的培养皿。在40℃的培养箱中储存器皿。待检测的溶液包括：

a. 水对照

b. 稀释的铜溶液（0.01% $CuSO_4$）

c. 稀释的血色素溶液（0.5%）

d. 商业抗氧化剂（0.001% BHA）

e. 饱和盐溶液

f. 将20g切碎的蔬菜和80mL水加热到沸腾制备浸出物（萝卜叶，新鲜洋葱的顶部，白马铃薯皮）。在使用前轻轻倒出并冷却。

脂肪酸败是肉眼看不见的。胡萝卜素是一种高度不饱和的碳氢化合物，其结构与脂肪酸相似，当氧化发生时能从明亮的橙色变成无色。因此，胡萝卜素颜色变浅的速率可以作为脂肪氧化酸败的速率指示。比较不同处理对氧化酸败的影响。比较滤纸变白与未变白的脂肪气味之间的差别。简述脂肪氧化酸败过程中发生的变化（以反应的形式），并讨论每种处理的结果。

13 实验：氨基酸、蛋白质和美拉德褐变

蛋白质是食品中一大类组成部分，这些大分子的不同性质决定了它们在食品中的不同功能特性。例如有些蛋白质具有起泡和乳化稳定性，因而可用做表面活性剂；有些具有较强的结合水能力，使得它们自身可以相互凝集并在一定条件下形成凝胶；还有一些由于具有酶的催化能力而发挥重要作用。氨基酸组成不同决定了不同蛋白质具有不同的功能特性。氨基酸残基会和还原性物质发生一系列反应，形成风味物质，导致很多食品具有独特的颜色和气味特征，这就是美拉德反应或斯特雷克尔降解。根据反应程度的不同，有些色素和气味可能是期望的，也可能是不期望的。另外，游离氨基酸还会影响食品的口感。

实验 1 美拉德反应

介绍和目的

在一定的条件下，还原糖会与具有游离氨基的化合物发生一系列反应，即美拉德反应。在反应过程中产生的 α – 二羰基化合物会与氨基酸反应产生芳族对二氮杂苯。尽管一定程度的褐变和风味物质的产生在食品中是期望的，但严重的褐变和大量的风味物质产生是不期望的。本实验的目的是评价加热氨基酸 – 葡萄糖溶液产生的气味和颜色。

材料

- D – 葡萄糖——50mg
- L – 大门冬氨酸——50mg
- L – 赖氨酸——50mg
- L – 苯基丙氨酸——50mg
- L – 缬氨酸——50mg
- L – 甲硫氨酸——50mg
- L – 亮氨酸——50mg
- L – 脯氨酸——50mg
- L – 精氨酸——50mg

完成时间：1. 5h

备注：该实验时间较长，实验应提早开始。

步骤

（1）向装有 50mg D – 葡萄糖的试管中添加 50mg 氨基酸（每根试管中添加不同的氨基酸），再加入 0. 5mL 蒸馏水彻底混匀。

（2）嗅闻每根试管并记录感官现象，接着用铝箔纸盖仕每根试管，先放入 100℃ 水浴中加热 45min，之后再放入 25℃ 水浴中冷却，记录每根试管的气味（例如：巧克力味、马

铃薯味、爆米花味等）。记录颜色 0 = 无色，1 = 亮黄色，2 = 深黄色，3 = 褐色（注意：颜色可定量测出。将除了含精氨酸、赖氨酸的其它试管中的溶液稀释到 5mL，含精氨酸的溶液稀释到 500mL，含赖氨酸的溶液稀释到 1000mL）。在 400nm 处测其吸光度值，该值即着色或褐变程度。是什么原因导致美拉德反应的程度不同呢？

实验 2 蛋白质的定性检测

介绍和目的

颜色反应既能用于蛋白质的定性分析，某些情况下也可用于蛋白质的定量分析。这些特异性的分析反应不是针对蛋白质的，而是针对蛋白质中某些特殊结构的。因此，通常一个阳性实验结果并不能作为蛋白质存在的证据，为了证明蛋白质的存在，颜色反应是必需的，但还必须进行针对蛋白质其它结构特征的多种测试分析。本实验的目的是举例说明蛋白质的颜色反应。

材料

- 多种食品（鸡蛋、果冻、牛奶、面包、面粉、糖、脂肪）
- 氢氧化钠溶液（1mol/L NaOH）——10mL
- $CuSO_4$ 稀溶液（0.01%）——10mL
- 浓硝酸——30mL
- 氢氧化钾溶液（1mol/L）——30mL
- 醋酸铅溶液（1mol/L）——30mL
- 水合茚三酮溶液（0.35g/100mL 乙醇）——30mL
- 试管

完成时间：45min

备注：在蛋白质的黄色反应中，记住要一直不停地向蛋白质的水分散液中加酸。

步骤

每种食品取少量加入到 5 根装有 5mL 蒸馏水的试管中制成悬浮液。进行下列测试：

（1）双缩脲反应——向蛋白质溶液中添加强碱和几滴稀 $CuSO_4$ 溶液。紫色说明测试呈阳性，该测试对于有 2 个或更多肽键的化合物是特异的，因此二肽不会显示阳性结果，但是其它的多肽却可以，双缩脲化合物的结构：

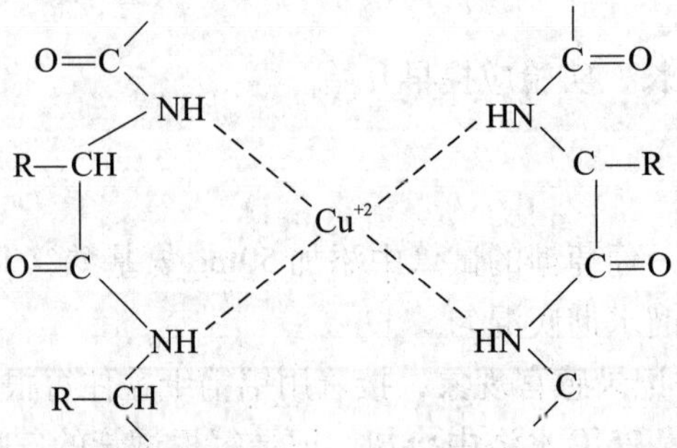

（2）黄色反应——将3mL浓硝酸小心均匀地加到蛋白质溶液上。用强碱中和酸，如结果为阳性，则黄色应变为焦橙黄色。阳性结果表明该蛋白质中的氨基酸残基具有芳香环结构，例如：酪氨酸、苯丙氨酸、色氨酸。

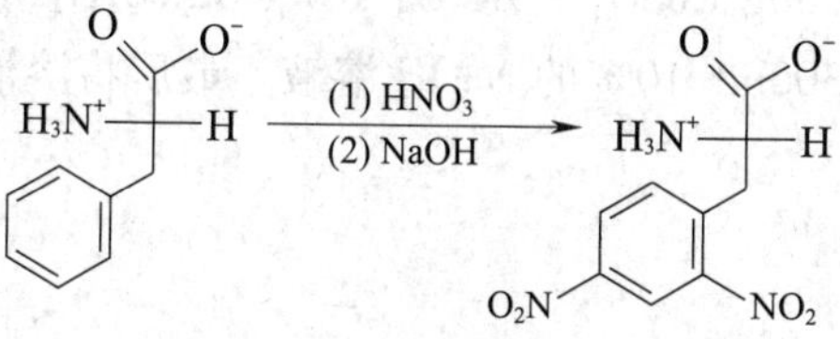

（3）硫的还原反应——在沸水浴中，加热含有几毫升KOH的蛋白质溶液至沸，然后添加几毫升醋酸铅溶液。如果存在含硫氨基酸，如胱氨酸或甲硫氨酸，就会有黑色沉淀（硫酸铅）生成。

$$含硫氨基酸 + KOH \xrightarrow{Pb(OAc)_2} PbS$$

（4）水合茚三酮反应——向蛋白质溶液中添加几毫升茚三酮，在沸水浴中将混合液煮沸。如果混合物中含有至少一种游离氨基和一种游离羧基，那么在冷却过程中溶液会出现淡紫色。脯氨酸和羟脯氨酸是例外，它们会显黄色。

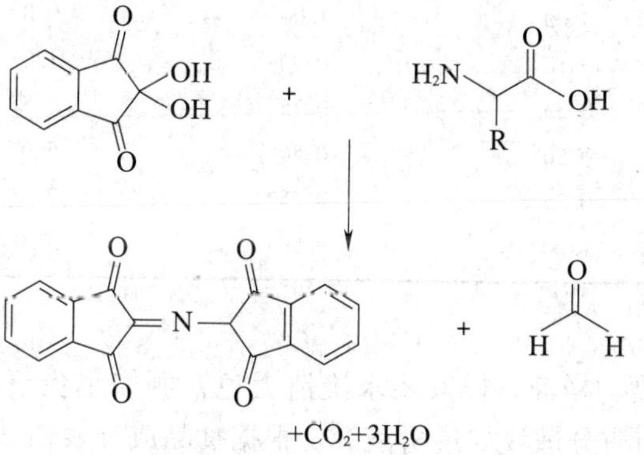

问题

（1）在每个实验中产生颜色的特异反应是什么？

（2）在运用这些定性的颜色反应进行蛋白质定量测试时会遇到哪些困难？

实验3　双缩脲法定量测定食品中的蛋白质

介绍和目的

在碱液中，含有两个或更多肽键的底物可与铜（Ⅱ）形成淡紫色的化合物。颜色的产生是由于铜离子和肽链中的氮原子形成紫色的配位化合物。采用已知浓度的蛋白质溶液绘制标准曲线，参照该标准曲线可获得样品中的蛋白质浓度。本实验的目的是测定食品中蛋白质的含量。

试剂

- 牛血清蛋白或蛋清蛋白标准物：100g 蛋白质溶解在 10mL 蒸馏水中。
- 双缩脲溶液：将 1.50g $CuSO_4 \cdot 5H_2O$，6.0g $NaKC_4H_4O_6 \cdot 4H_2O$ 溶解在 500mL 蒸馏水中。不断搅拌，加入 300mL 10% 的 NaOH 溶液。最后将溶液用蒸馏水稀释到 1L 并储存在聚乙烯瓶中。

完成时间：1h

步骤

（1）如表 13.1 所示，吸取一定量的蛋白质标准溶液和蒸馏水于试管中。

（2）添加 4.0mL 的双缩脲溶液混匀，室温下放置 30min。

（3）记录 550nm 下的吸光值（表 13.1）。

（4）绘制 550nm 下的标准蛋白质的浓度－吸光值曲线。

表 13.1 鸡蛋蛋清蛋白溶液的浓度和吸光值

管号	蛋清蛋白标准溶液体积/mL	水体积/mL	标准物浓度/（mg/mL）	550nm 下吸光值
1[a]	0.00	1.00	0.0	0
2	0.10	0.90	1.0	
3	0.25	0.75	2.5	
4	0.50	0.50	5.0	
5	0.75	0.25	7.5	
6	1.00	0.00	10.0	

注：[a]空白。

（5）配制未知浓度的样液，样液要求澄清无色，例如鸡蛋清、无风味的明胶、纯蛋白溶液、半纯化的蛋白质分散液如透析液等。根据食品成分表估计样品需要的大概的稀释程度，以便使样品最终的蛋白质浓度处于标准曲线浓度范围内。定量吸取液体，转移到试管中，以蒸馏水补足体积到 1.00mL。接下来继续步骤（2）。

实验 4　热对蛋白质的影响

介绍和目的

热是食品中蛋白质变性的一种常见因素，大多数蛋白质都有其特定的变性温度。变性后的蛋白质易于凝结或胶凝化，这可以通过溶液的浊度检测出来。本实验的目的是检测热对蛋清蛋白变性的影响。

材料

- 鸡蛋——1 个
- 水浴（分别设定 55、60、63、65 和 68℃）

- 分光光度计

完成时间：1.5h

步骤

准备100mL（体积分数）10%的蛋清溶液。过滤除去不透明膜。分别向5支试管中添加5mL蛋清蛋白溶液。将试管放入水浴中。剩下的样品作为不加热的对照。将5支试管分别放于55、60、63、65和68℃的水浴中，保温30min。将样品用自来水冲冷。用分光光度计测定样品在450nm下的吸光值。用未加热的样品作空白，比色前要确保样品混合均匀。

问题

（1）描述溶液的外观。
（2）绘制温度－吸光值曲线。
（3）从所得数据可以看出热对蛋白质有什么样的影响？

实验5　蛋白质的凝结

介绍和目的

热是使食品凝结的一种因素之一。与此同时，食品中的其它组分对蛋白质的变性程度也有影响，这些组分包括盐、糖及酸等。本实验的目的就是研究一些影响蛋白质凝结的因素。

材料

- 鸡蛋——1个
- 蒸馏水
- 0.1mol/L氯化钠溶液——5mL
- 0.1mol/L氯化钙溶液——5mL
- 0.1mol/L氯化铁溶液——5mL
- 0.1mol/L蔗糖溶液——5mL
- 1.0mol/L蔗糖溶液——5mL
- 0.001mol/L盐酸溶液——5mL
- 0.1mol/L盐酸溶液——5mL

完成时间：1h

步骤

用蒸馏水（蛋清体积的3倍）稀释鸡蛋蛋清，缓慢而充分地搅拌溶液，然后过滤。取出一系列试管，在每支试管中均加入10mL稀释的蛋清溶液，再分别向不同试管中加入5mL上述不同溶液，包括蒸馏水。记录加蒸馏水的、0.01mol/L HCl的和0.1mol/L HCl的试管中溶液的pH。将所有的试管放入一个盛水的烧杯中，缓慢加热，并记下每根试管中溶液出现混浊时的温度。一般情况下，样品需要加热20min。

实验 6　pH 对肉蛋白质水合能力的影响

介绍和目的

肉的保水能力是影响其作为一种食品的用途的重要特性。肉的保水能力取决于许多因素，包括 pH。本实验的目的是观察 pH 对肌原纤维蛋白水合能力的影响，即肉的结合水的能力。

材料

- 细牛肉——25g
- 6mol/L HCl——500mL
- 2mol/L NaOH——500mL
- 塑料离心管——6 支
- pH 计
- 离心机

完成时间：1.5h

备注：由于实验需要多次称重、pH 测定和调节，因此实验时间应提前。此外，记住要记录每个空离心管的质量。

步骤

（1）取 6 支 50mL 的塑料离心管，用标签纸标记并称重。

（2）准确称取 3g 充分绞碎的肉放入离心管中，向离心管中添加 15mL 蒸馏水，用 Sorvall 匀浆机快速均质。

（3）用 NaOH 或 HCl 溶液调节每支试管的 pH 至下述数值。

管 1——pH4.0

管 2——pH4.5

管 3——pH5.0

管 4——pH5.5

管 5——pH6.0

管 6——pH7.0

（4）10min 后再次测试每支试管的 pH。

（5）再过 5min 后，离心（2000r/min，10min，相当于 $1500 \times g$）。然后将离心管取出，小心地倒出上清液，弃去。准确称量肌原纤维蛋白沉淀的质量。

问题

（1）pH 对肌原纤维蛋白的质量有什么影响？

（2）pH 对肌原纤维蛋白质量的影响与水合能力有怎样的关联？

（3）解释并阐述导致这些影响的化学变化。你能从所得数据确定肌原纤维蛋白的等电点吗？

实验7　纺丝纤维产品

介绍和目的

蛋白质和其它聚合物一样能纺成纤维，如生成结构植物蛋白（TVP），可广泛用于多种类型的食品中。本实验的目的是举例说明纺丝分离纤维蛋白的生产工艺。

材料

- 沉淀剂（饱和的 NaCl 溶液，用磷酸调节 pH 为 2.5）
- 皮下注射器和#20 的针头
- 10% NaOH 溶液
- 大豆分离蛋白（商品）——3g
- 完成时间：30min

步骤

（1）将 3g 大豆分离蛋白悬浮在 10% 的 NaOH 溶液中（250mL 烧杯），添加 NaOH 直到溶液成汤糊状。

（2）将上述汤糊状液体装入注射器缓慢的注入沉淀剂中。

（3）重复步骤（2），但将蛋白质混合液注入水中。

问题

（1）描述在纺成纤维过程中每一阶段蛋白质的外观。

（2）将形成的蛋白束与未接触沉淀剂的材料进行比较。

（3）为什么蛋白质会在其等电点附近沉淀？

实验8　凝乳酶对牛奶蛋白的影响

介绍和目的

凝乳酶来源于小牛的胃，用于生产干酪。目前，一种采用生物技术制得的凝乳酶与小牛胃中提取的是相同的，已被广泛应用。凝乳酶的反应活性与温度相关。本实验的目的是研究温度对凝乳酶活力的影响。

材料

- 全脂牛奶——350mL
- 凝乳酶片——1 片

变化

（1）采用 5℃冷藏的牛奶，将凝乳酶处理后的牛奶储存在 5℃的冰箱里。

（2）将牛奶加热到 36℃，添加凝乳酶。

（3）将牛奶加热到沸腾（100℃），添加凝乳酶。

完成时间：1.5h

步骤

把115mL牛奶调整到上述不同温度。将1/4片凝乳酶片溶解在5mL水中。当牛奶达到期望的温度时，添加凝乳酶溶液。对于5℃的牛奶，将牛奶－凝乳酶混合物储存在冰箱中。其它的样品在室温下放置1h。1h后，观察3种牛奶－凝乳酶混合物，并描述它们的外观（胶凝，液体等）。如果3种牛奶－凝乳酶混合物样品中有发生胶凝的，则用质构分析仪测量凝胶强度（结果记录在表13.2中）。质构分析仪的使用可参考本书的实验仪器指导（第20章）。

表13.2　不同温度下用凝乳酶处理牛奶的现象及所形成的牛奶凝胶的强度

牛奶温度	现象	凝胶硬度
5℃		
36℃		
100℃		

14 实验：明　胶

明胶是一种来源于胶原（一种结缔组织）的蛋白质，可用作胶凝剂。像明胶这样的蛋白溶胶，其黏度随着分子体积、分子形状、温度、水合程度、浓度以及 pH 的变化而变化。一般地，当氢离子和氢氧根离子浓度远离等电点（IEP）时，明胶的吸水量将一直增加，达到最大值。吸水量进一步增加会导致明胶的水解。随制备方法不同，明胶具有不同的等电点。酸法制备的明胶，其等电点为 7.0～9.0，而碱法制备的凝胶的等电点在 4.7～5.0。当明胶溶液冷却到低于 35℃时，黏度增加直到发生胶凝。明胶具有独特的氨基酸组成：甘氨酸或丙氨酸占 1/3 左右，酸性或碱性氨基酸将近 1/4，脯氨酸和羟脯氨酸约占 1/4，因而它在胶凝方面表现突出。所生成的凝胶的硬度随明胶浓度增大而增强，还受到 pH 和其它组分，如非电解质（蔗糖）、蛋白水解酶的影响。

实验 1　明胶浓度、pH、蔗糖浓度和蛋白水解酶对明胶凝胶强度的影响

介绍和目的

明胶在普通的水中即可发生胶凝。但是大多数食品体系都不会这么简单。典型地，复杂体系除了水和明胶外，还有酸、糖和酶等。这些组分对凝胶形成及凝胶强度有较大影响。本实验的目的是观察凝胶浓度、pH、蔗糖浓度和蛋白水解酶对黏度、凝胶形成时间、凝胶强度的影响，从而确定明胶凝胶的液化时间和凝胶强度。

材料

- 明胶——200g
- HCl，6mol/L
- NaOH，2mol/L
- 蔗糖——70g
- 木瓜蛋白酶、菠萝蛋白酶——0.25g
- 秒表
- 2mL 和 5mL 移液管
- 同样大小的试管及试管架
- 耐热玻璃杯

完成时间：2h

备注：本实验最好按准备的样品和将要观察的数量编号，将学生分成几个小组。

变化

（1）浓度的影响：将 120g 明胶分散于冷的去离子水中，接着添加足量的煮沸的去离

子水，制得2000g的6%的明胶溶胶。由该溶胶制备浓度为6%、3%、1.5%和0.5%的明胶稀释液各500mL。

（2）pH影响：将37.5g明胶分散于冷的去离子水中，添加足量的煮沸的去离子水制备2000g的溶胶。将其分成5等份，用NaOH或HCl溶液调节这5个样品的pH分别为1、5、6、7和12。在样品未冷却之前将其稀释到500mL，最终明胶浓度为1.5%。

（3）蔗糖的影响：通过将7.5g明胶和0、8.6、17.1、34.2g蔗糖加入冷的去离子水中，然后添加足量的煮沸的去离子水制成500g的溶胶，所得4份明胶溶液浓度为1.5%，其中蔗糖浓度分别为0、0.05、0.1和0.2mol/L。

（4）蛋白水解酶的影响：将7.5g明胶分散于冷的去离子水中制成浓度1.5%的明胶溶液，添加足量的煮沸的去离子水制成500g的溶胶。稍冷后接着将0.25g蛋白水解酶搅拌加入。

步骤

（1）一旦溶胶制备好，立即趁热将其倒入耐热玻璃杯中，直至液面高度距离杯口1cm，然后将其放入冰浴中或冰箱里（每种变化经过相同的处理）冷却。用透度计或质构仪（锥形探针）检测凝胶的硬度。观察凝胶的透明度和硬度。

（2）向试管中倒入10mL的各种溶胶并将其放在试管架上，放入10℃的水浴锅中。测定成胶时间——从溶胶温度60℃时开始计时，到试管中不再有液体流动为止。凝胶形成后将试管取出倒放在试管架上，下面用纸巾垫着，室温下测定其液化时间（当试管内容物到达纸巾上为止）。

（3）准备充分多的溶胶，采用秒表测定60℃下每种溶胶从2mL或5mL移液管（对所有溶胶采用相同的移液管）中流出的时间，重复测定。

（4）绘制下列曲线：

a. 明胶浓度－溶胶流动时间

b. 明胶浓度－凝胶形成时间

c. 明胶浓度－液化时间

d. 明胶浓度－凝胶强度

c. pH－溶胶流动时间

f. pH－凝胶形成时间

g. pH－液化时间

h. pH－凝胶强度

i. 蔗糖浓度－溶胶流动时间

j. 蔗糖浓度－凝胶形成时间

k. 蔗糖浓度－液化时间

l. 蔗糖浓度－凝胶强度

实验2　内源酶对明胶凝胶强度的影响

介绍和目的

影响明胶胶凝的因素有很多，其中所加材料中是否含有蛋白水解酶影响显著。

蛋白水解酶的影响很大一部分取决于含酶食品材料的前期热处理。本实验的目的是观察前期的热处理对菠萝蛋白水解酶的影响，由此观察添加菠萝对凝胶质构的影响。

材料

- 无风味的凝胶——1g
- 室温水——7mL
- 沸水——15mL
- 蔗糖——12.5g
- 冰冻浓缩橘汁——7mL
- 冰水——23mL
- 柠檬汁——1mL
- 新鲜的或冰冻菠萝泥——20g
- 罐装菠萝泥——20g

变化

（1）空白

（2）向烧杯中加入新鲜或冰冻菠萝泥

（3）向烧杯中加入罐装菠萝泥

步骤

（1）在室温下将明胶放入盛有水的100mL烧杯中，浸泡5min。

（2）将沸水加入明胶的水溶液中，搅拌直至明胶分散。

（3）掺入蔗糖、浓缩橘汁、冰水、柠檬汁。

（4）对照样品所在烧杯中不添加任何东西。向另两个烧杯中的一个添加20g新鲜或冰冻菠萝泥，另一个添加20g罐装菠萝泥，搅拌均匀。

（5）在室温下放置1h。

（6）记录所观察到的凝胶现象，用质构仪测量凝胶强度（表14.1）。质构分析仪的使用可参考本书的实验仪器指导（第20章）。

表14.1 **凝胶现象和质构**

变化	现象	凝胶强度
空白		
添加新鲜或冰冻菠萝泥		
添加罐装菠萝泥		

问题

（1）蛋白质等电点（IEP）与黏度之间有什么关系？

（2）描述每一个变化对明胶溶胶和凝胶的作用机理。

（3）可能添加到明胶产品中的含有蛋白水解酶的成分是什么？

（4）假使你是一个生产凝胶甜点的公司的职员，现在要求你改进产品来降低它的制备时间。你能提出哪两个可能的改进方法？说明原因。

15 实验：碳水化合物

碳水化合物与蛋白质和脂肪一样，是食品的主要组分之一。碳水化合物有三种：单糖、寡糖和多糖。单糖是一种不能被水解为更简单的化合物的简单糖类。寡糖经水解后可以生成2～10个单糖。糖的还原能力取决于其结构中是否存在潜在的游离羰基。还原糖可参与美拉德褐变反应。多糖水解可以产生大量的单糖或寡糖。淀粉由于可以结合大量的水，因此可作为增稠剂。商业淀粉主要来源于谷物种子、根部或树。每种淀粉都有其自身的特性。

实验1 费林试剂定容法测定还原糖

介绍和目的

糖的还原性可通过其在碱性溶液中将二价铜离子还原生成红色的氧化亚铜的能力来测定。其反应式如下：

$$\underset{\text{蓝色溶液}}{2Cu^{2+}} + \text{还原糖} \longrightarrow \underset{\text{红色沉淀}}{Cu_2O\downarrow} + \text{氧化态的糖}$$

用于此测定的最广为人知的试剂是费林试剂。根据还原糖的含量和种类不同，阳性反应的结果分别显现出绿色、橙黄色或红色等不同颜色的沉淀。蓝色到红色的变化程度指示出还原性，因此可测定糖的还原能力。本实验的目的是测定不同碳水化合物，确定它们是否具有还原性。

材料

- 糖（单糖和双糖）和糖醇——各50g
- 结晶硫酸铜——35g
- 酒石酸钾钠——180g
- 氢氧化钠——50g

完成时间：30min

步骤

（1）称取34.64g结晶硫酸铜溶于500mL水中，标记为溶液A。

（2）称取173g酒石酸钾钠和50g氢氧化钠溶于500mL水中，标记溶液B。

（3）取2.5mL A溶液和2.5mL B溶液混合于试管中，向试管中添加每种糖10～50mg，并煮沸5～10min。

问题

（1）什么是还原糖？糖的还原能力具有什么意义？

（2）绘出所测糖的结构，指出每种糖的还原基团。测定结果与预期结果是否一致？

实验 2　淀粉的微观结构

介绍和目的

淀粉在食品中的绝大多数应用取决于它们被加热后的特性。有时候加热发生在酸或淀粉酶存在的情况下。进行这些处理时，淀粉颗粒的外观会发生变化。本实验的目的是观察淀粉经过热和/或化学处理后其物理特性的变化。

试剂

- 制备 2% 的 KI 溶液，添加足量的碘溶液使之变为深黄色。

完成时间：1h

步骤

在显微镜下，观察碘染色的玉米淀粉和蜡质玉米淀粉的载玻片。可以使用一些未煮制的淀粉颗粒（置于载玻片上）或一薄层淀粉糊（按实验 3 中的 a 或 b 配方制备），比较不同的未煮制淀粉与经下列方式处理的玉米淀粉：

（1）未煮制的

（2）加热到糊化温度的淀粉糊（实验 3 中 a、b 两种配方的样品）

（3）在酸性条件下加热到糊化温度的淀粉糊（实验 3 中配方 l 的样品）

（4）在淀粉糖化酶存在时加热到糊化温度的淀粉糊（实验 3 中配方 n 的样品）

观察并绘制出淀粉颗粒的颜色、形状、大小。无支链的淀粉分子（直链淀粉）呈蓝色，有支链（支链淀粉）的淀粉分子呈褐色。

实验 3　淀粉凝胶

介绍和目的

淀粉的主要任务是发挥增稠和胶凝的作用。淀粉本身可以在水中增稠或胶凝，但是实际食品体系远比这复杂。本实验的目的是研究影响煮制的淀粉糊增稠作用的因素，比较不同淀粉（普通淀粉、蜡质淀粉和改性淀粉）作为增稠剂（配方变化如表 15.1 所示）的用途。

配方

见表 15.1。

表 15.1　淀粉及其它成分的变化

淀粉种类	终温/℃	淀粉质量/g	添加成分
a. 玉米淀粉	95	36	530mL H_2O
b. 蜡质玉米淀粉	75	36	530mL H_2O
c. 小麦	95	36	530mL H_2O

续表

淀粉种类	终温/℃	淀粉质量/g	添加成分
d. 蜡质玉米淀粉，轻微交联（Cerestar PolarTex 06330）	78	36	530mL H_2O
e. 改性蜡质玉米淀粉（Cerestar PolarTex 06732）	75	36	530mL H_2O
f. 马铃薯淀粉	70	36	530mL H_2O
g. 木薯淀粉	85	36	530mL H_2O
h. 交联木薯淀粉（Cerestar CreamTex 75710）	85	36	530mL H_2O
i. 玉米淀粉	95	36	530mL H_2O，75g 蔗糖
j. 玉米淀粉	95	36	530mL H_2O，53g 脂肪
k. 玉米淀粉	95	36	530mL H_2O，3.18g 甘油单酯
l. 玉米淀粉	95	36	530mL H_2O，0.5mol/L 柠檬酸
m. 交联木薯淀粉（Cerestar CreamTex 75710）	85	36	530mL H_2O，0.5mol/L 柠檬酸
n. 玉米淀粉	95	36	530mL H_2O，0.25% 淀粉糖化酶溶液

完成时间：2h

备注：由于所需准备及观察的样品数目较多，可将学生分为几组。记住对将要存放［步骤（4）］的淀粉糊标记样品名称、日期及组号。

步骤

（1）将颗粒分散在盛有冷水的铝锅中。

（2）直接加热（中低温），第 1 分钟内每 15s 搅动 2 转，随后每分钟搅动 2 转直至到达糊化终点温度。观察热淀粉糊的透明度。配方 a、b、l 和 n 的样品在各自的糊化温度下需要取出，做显微观察（实验 2），观察这些热淀粉糊的透明度。

（3）将热淀粉糊倒入耐热玻璃杯中，尽量装满并小心铺平，冰浴冷却至 20℃。观察并记录凝胶的透明度，然后用透度仪或质构分析仪测定凝胶硬度，用游标卡尺测定每个样品的垂度。透度仪、质构分析仪和游标卡尺的使用可参考实验仪器指导（第 20 章）。

（4）对于每个配方的淀粉，将热的淀粉糊装入做好标记的 56g 的 2 个塑料杯中，旋紧盖子以防止水分蒸发。一个样品冷藏，另一个冷冻一天或多天。然后于室温下将冷冻的样品解冻，测定不同样品的凝胶强度和弹性。

（5）将剩余的淀粉糊冷却至 60℃，通过线性铺展仪测量淀粉糊的黏度（铺展时间 2min）。

问题

（1）哪种淀粉最适合做肉汤和调味酱的增稠剂，或者做樱桃派、奶油派、冷冻调味酱？请解释原因。

（2）实验中观察到的冷藏和冷冻对淀粉糊的影响与理论值是否吻合？

（3）加酸或不加酸的淀粉糊的理论数据见表 15.2，表中的 3 个数据之间有相关性吗？请解释，能否从你的结果中得出相似结论？

表 15.2 加酸和不加酸的淀粉糊化后的线性铺展和透度值

	线性铺展/mm	透度/（1/10mm）	垂度/%
加酸	5	80	30
未加酸	4	60	20

（4）交联在淀粉糊对酸的耐受性方面有何作用？

实验 4 淀粉糊的黏性曲线

介绍和目的

淀粉分散体系在糊化过程中会经历一系列物理和结构上的变化。伴随这些变化的是分散体系黏度的一系列的变化。布拉班德糊化仪（Brabender amylograph）是用于测定黏度随时间和温度变化情况的理想仪器。本实验的目的就是观察淀粉在加热、保温和冷却过程中表观黏度的变化。

材料

- 各种淀粉（玉米淀粉、蜡质玉米淀粉、马铃薯淀粉）——各 35g
- 布拉班德糊化仪或糊化黏度仪

完成时间：1.5h

步骤

（1）将表 15.3 中的淀粉中的一种加入到 450mL 水中，边搅拌边加到糊化仪的测量杯中，关于布拉班德糊化仪或糊化黏度仪的使用，可参考实验仪器指导（第 20 章）。

表 15.3 用于糊化黏性测量的淀粉

淀 粉 类 别	质量/g
玉米淀粉	35
蜡质玉米淀粉	35
马铃薯淀粉	20
木薯淀粉	35
小麦淀粉	35
Cerestar StabiTex 06330	35
Cerestar CreamTex 75710	35

（2）从室温或 25℃开始加热，升温速率 1.5℃/min，到糊化温度或 95℃停止。

（3）保温 15~20min，边搅拌边连续记录黏度变化。

（4）降温到 50℃，降温速率 1.5℃/min。

（5）在布拉班德黏度曲线上标记出如下信息：

a. 峰值黏度

b. 崩解值

c. 消减值

问题

（1）根据糊化温度、糊化速率、峰值黏度、崩解值、消减值和淀粉糊稳定性比较各种淀粉。

（2）谷物淀粉和根类淀粉在糊化温度上有什么不同？

（3）淀粉糊崩解值的含义是什么？为什么要测定淀粉的消减值？什么时候淀粉的消减值高是有益的？

（4）找出实验 3 中淀粉糊的质构分析结果、透度值、线性铺展值与冷却的淀粉糊的最终黏度之间的关系，这些数据能否作为确定淀粉是否适合用于奶油派或水果派中的依据？

16　实验：面粉混合物

面粉源于在美国被广泛使用的小麦。为了使烘焙食品具有期望的质构，小麦粉必须能在烘焙时产生一定的韧性和弹性的网状结构，而产品出炉后也具有合适的强度。由面粉制得的面筋蛋白对烘焙过程中面团或面糊具备的弹性和烘焙后所具备的半刚性结构贡献较大。面筋结构的形成与所添加的成分有关。

实验1　面筋球

介绍和目的

面粉与水混合后，面粉中的麦谷蛋白和麦醇溶蛋白结合形成面筋，面筋的作用是为烘焙食品提供结构和包裹烘焙时产生的气体。然而，很多面糊和面团不单单是面粉和水的混合物。其它的成分，如糖、盐、油、乳化剂和面粉改良剂等都会对搅拌和揉捏过程中形成的面筋的量产生影响，从而影响烘焙食品的最终质构。本实验的目的是举例说明其它成分对面筋形成的影响。

材料

- 全麦粉——50g
- 面包粉——50g
- 通用粉——50g
- 纱布
- 碘化钾－碘溶液——5mL
- 糖——25g
- 植物油——10mL
- 盐——1g
- 甘油单酯——100mg
- 硬脂酰乳酸钠（SSL）——100mg

完成时间：1.5h

配方

见表16.1。

表16.1　　制备面筋球配方

样品号	面粉质量/50g	添加的成分	水的体积/mL
1	全麦粉	—	30
2	面包粉	—	30

续表

样品号	面粉质量/50g	添加的成分	水的体积/mL
3	通用粉	—	30
4	通用粉	25g 糖	30
5	通用粉	10mL 油	20
6	通用粉	0.025g 甘油单酯	30
7	通用粉	0.025g SSL	30
8	通用粉	0.5g NaCl	30

步骤

（1）将面粉与所加其它成分充分混匀，加水搅拌，制成可用手揉捏的生面团。

（2）用手揉面团 10~15min，直到面筋较好地形成。

（3）将面团放入用 2 层纱布做成的袋中，并置于流动水下洗涤，直到洗面团的水澄清。在烧杯中洗涤并滴加碘化钾－碘溶液检查烧杯中水的澄清度，到无紫色出现时洗涤完成（这一步需要 30min 或更长时间）。处理全麦粉时，要先将其中的麦糠除去再放入纱布中冲洗。

（4）将洗完的面团称重，这就是面筋，注意观察它的黏弹性。

（5）将面筋制成小球状，放入 230℃烤箱中烘烤 15min，降低温度到 150℃，再烘烤 20min 或直到干燥。烘烤时烤箱应关闭。所有放进同一个烤箱的面筋球应该放在同一个盘子上，间距至少 15cm，并同时放入烤箱。观察烘焙后面筋球的相对尺寸。

（6）以烘焙后面筋质量为纵坐标、样品类别为横坐标，绘制曲线。

问题

（1）各种不同的配方中，影响面筋形成的因素是什么？

（2）洗涤面团的水中什么物质与碘结合变蓝？如果将洗面筋的水煮沸会发生什么现象？

实验 2 甜曲奇

介绍和目的

曲奇可作为考察不同配方对食品体系影响的模型体系。可以采用蛋白含量较高的通用粉代替蛋白含量较低的曲奇粉、添加更多脂肪、改变烘焙时间和温度、改变预烘干的曲奇的厚度、用糖和/或脂肪替代品等改变曲奇配方。所有这些变化将赋予曲奇不同的质构和口感。本实验的目的是观察主要成分和制作方法对甜曲奇质量和能量值的影响。

基本配方

- 曲奇粉——55g
- 氢化脂肪——24g

- 糖——33g
- 牛奶——8mL
- 混合全蛋——12g
- 盐——0.75g
- 苏打粉——0.25g
- S.A.S. 发酵粉——1g
- 香草——0.6mL
- 桂皮——0.25g
- 肉豆蔻——0.25g

完成时间：2h

备注：该实验的样品配方较多，因此最好将学生分组后分别做不同的样品。

变化

（1）基本配方。

（2）用55g通用粉代替曲奇粉。

（3）用70g曲奇粉。

（4）用48g脂肪。

（5）制作基本配方，在177℃下烘烤10～12min。

（6）制作基本配方，但在第4步工艺中，曲奇两边各加一个条形馅，然后擀压到相应的厚度。

（7）50%脂肪替代：将原来用的24g氢化脂肪用12g氢化脂肪+12g 0.25g/mL的燕麦麦芽糊精凝胶（在此前一天将燕麦麦芽糊精缓慢加入热水中，搅拌制得）。

（8）50%脂肪和50%糖替代：将24g氢化脂肪和33g糖用12g氢化脂肪+12g 0.25g/mL燕麦麦芽糊精凝胶+16.5g糖+1.5g安赛蜜替代。

（9）100%糖替代：将33g糖用29.9g葡聚糖+3.1g安赛蜜替代。

步骤

（1）将面粉、盐、苏打、烘焙用粉和香料过筛，一起收集在纸上。

（2）将脂肪、香草、糖放入碗中，混合，加入鸡蛋和牛奶，搅匀。

（3）加入步骤1中的干粉，充分搅匀。

（4）将生面团切割成20g的小份，搓成小球，用擀面杖擀压成同样的高度（注：样品6应该遵照特殊的指导制作）。放入曲奇模中，间距为5cm。

（5）在205℃下烘焙6～8min（注：样品4应遵照特殊的指导烘烤）。

（6）用酥松性测定仪或质构分析仪（刀形探针）测量曲奇（每种至少2个）的断裂强度。酥松性测定仪或质构分析仪的使用可参照实验仪器指导（第20章）。

问题

（1）哪几种配方影响了曲奇的质构、颜色、风味？如何影响？

（2）糖和脂肪替代品的化学本质是什么？

实验3　巧克力蛋糕

介绍和目的

蛋糕也可作为考察不同配方对食品体系影响的模型体系，比如使用少量蛋白含量较高的面粉、改变苏打粉用量、添加甘油单酯等。本实验的目的是测定配方变化和pH变化对巧克力蛋糕的颜色、风味及质构的影响。

基本配方

- 起酥油——73g
- 糖——175g
- 盐——2g
- 香草——2mL
- 鸡蛋——64g
- 巧克力——28g
- 沸水——39mL
- 牛奶——79mL
- 苏打粉——2g
- 蛋糕粉——112g

完成时间：2h

样品变化

（1）基本配方。

（2）用通用粉代替蛋糕粉。

（3）使用1g苏打粉。

（4）使用4g苏打粉。

（5）添加0.056g甘油单酯。

步骤

（1）在样品盘上涂一层油，并铺上合适的蜡纸。

（2）将起酥油、鸡蛋、糖、香料、盐混合乳化15min（电动搅拌器中速搅拌）。对于样品5，要将甘油单酯与起酥油混合。

（3）将沸水浇在巧克力上，搅拌直至滑顺，冷却到50℃，将冷却后的巧克力倒入已乳化的混合物中，中速搅拌1min。

（4）将面粉与苏打粉的混合物用筛子筛2遍。

（5）将面粉与牛奶交替地加入乳化的混合物中（共3次），每加入一次面粉或牛奶就搅拌1min，最后一次加入物质时搅拌2min，采用手动搅拌或混合器中速搅拌方式。

（6）每个配方烘烤2个150g的条形蛋糕，烘烤温度185℃，时间18～20min。可用牙签取样或用热电偶记录温度检测焙烤的程度。

（7）剩下的面糊用于 pH 测定和相对密度测定。pH 计的使用和相对密度的测定参考实验仪器指导（第 20 章）。

（8）采用种子置换法测定蛋糕的体积，相关仪器的使用参考实验仪器指导（第 20 章）。

（9）用面包切割机将蛋糕切成 2.5cm 的薄片，采用补偿极性求积计测定蛋糕片的面积作为体积校正参数，从面包薄片中切 3 个圆柱，采用带有平板的压缩仪或带圆柱探针的质构分析仪测定面包的坚实度。补偿极性求积计、压缩仪和质构分析仪的使用可参考实验仪器指导（第 20 章）。

（10）观察并比较蛋糕的气孔结构。

（11）按蛋糕气孔结构的均匀性、气孔尺寸、蛋糕芯的水分含量、紧密度、颜色深度和风味将其排序。

（12）切割出每个蛋糕的薄片，铺在培养皿的底部，采用 Hunter 色差计测定 L、a、b 值。色差计的使用参照实验仪器指导（第 20 章）。

问题

（1）pH 对巧克力蛋糕的风味和颜色有什么影响？

（2）实验配方中的糖与面粉的比例是偏高还是偏低？这是否使原料和制作工艺对终产品的影响发生变化？

17 实验：色　　素

色素对食品的美感贡献很大。一些色素的化学形式容易在某些可能破坏组织结构完整性的加工中发生变化。加热、pH 改变和氧化反应都会影响色素的质量。肌肉中的色素主要是肌红蛋白，鲜肉与腌肉的颜色主要由肌红蛋白的不同反应所决定。植物色素主要分为类胡萝卜素、叶绿素和类黄酮。酚类化合物是果蔬发生酶促褐变的底物，属于类黄酮的一种。在贮存过程中要保持成熟水果的颜色、风味和质构必须控制内源酶的有害作用。有时候，合成色素会被添加到食品中来提高其可销售性。

实验 1　肌红蛋白的颜色反应

介绍和目的

鲜肉的一个重要脱色反应就是将还原性的肌红蛋白氧化为棕色的高铁肌红蛋白。这个反应在腌肉颜色固定时也会发生，因为硝酸钠会先与肌红蛋白反应，将其中的铁氧化成三价铁离子，三价铁离子必须被还原成亚铁离子才可以产生腌肉的色素——亚硝基肌红蛋白。三价铁离子的还原需要伴随着在蛋白发生热变性时产生的含硫基团或外加的抗坏血酸等化学还原剂才能完成。如果硝酸钠的浓度过高或者抗坏血酸存在时缺乏足够的硝酸钠，就会发生不期望的反应，引起肌红蛋白卟啉环打开，使腌肉颜色变绿。本实验的目的是举例说明血色素的一些反应。

材料

- 牛肉——25g
- 硝酸钠——100g
- 连二亚硫酸钠——100g
- 抗坏血酸——100g

完成时间：1.5h

提取工艺

（1）将鲜肉搅碎。

（2）向 25g 牛肉中加 100mL 冷水，均质，搅拌时保持水温 4℃。

（3）离心，1000 × g，10min。

（4）倾倒出上清液并用玻璃纸过滤。

处理

从经过不同化学方法处理的样品中各取两份 5mL 样品，一份放入 75℃ 的热水浴中 1h，另一份室温下放置。

1. 鲜肉的颜色反应：
- 添加 30mg 连二亚硫酸钠
- 只有上清液
- 添加 15mg 亚硝酸钠
- 添加 50mg 亚硝酸钠

2. 腌肉中的颜色反应：
- 添加 30mg 抗坏血酸
- 添加 15mg 亚硝酸钠并混合，然后添加 30mg 抗坏血酸

记录每种情况下刚加入试剂后最初的颜色、混合后和加热后的颜色变化。必要的话在白光下观察颜色变化，并记录水浴温度。

问题

（1）在样品处理过程中引起颜色变化的是什么反应？反应过程中所形成的每种色素的名称是什么？其中哪些颜色反应是期望的，哪些是不期望的？铁的可能的氧化形态是什么样的，卟啉环是否完整？

（2）加热对色素的球蛋白部分产生什么样的影响？

实验 2 热和 pH 对植物色素的影响

介绍和目的

许多植物色素，尤其是叶绿素和花色素，对加热和 pH 变化较为敏感。在适宜的酸性条件下，这些色素显示正常色泽，但当 pH 升高或降低时，这些色素则呈现出不期望的颜色，使食品的感官品质变差。本实验的目的是测定热和 pH 对植物色素的影响。

材料

- 冷冻豌豆——25g
- 罐装豌豆——25g
- 醋——10mL
- 葡萄汁——10mL
- 草莓汁——50mL
- 1mol/L NaOH——100mL

完成时间：1.5h

步骤：叶绿素

（1）将 150mL 去离子水煮沸。

（2）加入约 25g 冷冻豌豆。

（3）待水温升高至沸腾温度，保持 7min。

（4）将样品移出放入烧杯中。

（5）取 150mL 去离子水，向其中加入 10mL 醋，测定溶液的 pH，将溶液煮沸，重复

步骤 2 ~ 4。

（6）取 150mL 去离子水，向其中加入 10mL 1mol/L NaOH，测定溶液的 pH，将溶液煮沸，重复步骤 2 ~ 4。

（7）将第 4 个 25g 样品放入 150mL 去离子水和 10mL 醋混合而成的冷溶液中，保持 7min，不做加热处理。

（8）将第 5 个 25g 样品放入 150mL 去离子水和 2g $NaHCO_3$ 混合而成的冷溶液中，不做加热处理。

（9）向第 6 个烧杯中加入灌装豌豆。

（10）对比所有样品的颜色及质构。

步骤：花色素

（1）将 10mL 葡萄汁与 90mL 蒸馏水混合。

（2）测定溶液的 pH。

（3）向试管中转移上述溶液 5 ~ 10mL。

（4）用 1mol/L NaOH 调节剩余溶液的 pH 至 5.0。

（5）向试管中转移上述溶液 5 ~ 10mL。

（6）用 1mol/L NaOH 调节剩余溶液的 pH 至 7.0。

（7）向试管中转移上述溶液 5 ~ 10mL。

（8）用 1mol/L NaOH 调节剩余溶液的 pH 至 10.0。

（9）向试管中转移上述溶液 5 ~ 10mL。

（10）对比所有样品，特别要注意颜色的变化。

（11）将 50mL 葡萄汁与 50mL 蒸馏水混合。

（12）用草莓汁代替葡萄汁，重复步骤 2 ~ 10。

问题

（1）当植物组织在不同 pH 下被加热时，植物的质构和叶绿素的颜色发生了什么样的变化？不同条件下处理时叶绿素分子发生了什么化学变化？哪些变化导致质构的变化？

（2）举例说明 pH 变化对花色素分了结构及花色素溶液颜色发生变化的化学影响。

实验 3　绿色蔬菜叶中色素的分离

介绍和目的

同其它有机化合物一样，色素可以采用多种色谱技术进行分离。色谱是利用各组分在流动相中具有不同的溶解度和在固定相中具有不同的吸附性将其分离的。固定相可以是纤维素（纸）和硅胶。本实验的目的是提取椰菜、菠菜和其它绿色蔬菜中的主要色素，并通过纸层析或薄层层析进行分离。

材料

- 绿色叶菜——3g

- 石油醚——250mL
- 丙酮或乙醇——各 10mL
- 正丁醇——1mL
- 15cm 具塞试管
- 移液管、毛细管、微型移液管
- Whatman 1 号滤纸

完成时间：1.5h

备注：实验中使用有机溶剂时小心。用完有机溶剂后确保其得到妥善处理。

步骤：色素提取

（1）剪一片约 $6cm^2$ 的叶子，放入沸水中，煮沸 2min。

（2）移出叶子并将其表面水滴用纸巾吸干。

（3）向试管中加入 3mL 的石油醚和 10mL 的丙酮或乙醇。将叶片剪碎、放入试管中，并使叶片完全浸入溶液中。

（4）保持一段时间，直到叶片中的色素几乎全部溶出为止。提取过程中用玻璃棒搅动一两次。

（5）用移液管将液相移至另一试管中，加入 10mL 水，塞好盖子，上下摇动几次，静置待两相分层。

（6）用移液管将上层深绿色液层移入干净试管中，加入 10mL 水，盖塞，来回摇动几次，静置待分层。

（7）同第 6 步一样反复洗涤，使色素完全溶于石油醚层，绝大部分丙酮或乙醇被转移至水中。

（8）若色谱图显示色素没有分离（见下面色谱分离步骤 8），则重复水洗的步骤。

步骤：色素的色谱分离

（1）制备展开剂。取 1mL 正丁醇到 100mL 容量瓶中，并用石油醚定容，摇匀。注意：远离火源。

（2）向 15cm 的试管中倒上述展开剂约 1.3cm，用软木塞塞住。

（3）将 Whatman 1 号滤纸剪成 15cm 长 1.3cm 宽的长条。在长条一端 1.3cm 处折出条横线，用铅笔在横线中心及长条另一端 1.3cm 处的中心各点一点。

（4）用微型移液管或毛细管向滤纸条上做标记的点的位置滴一小滴色素的石油醚提取物，点样量要足够小，直径在 0.5cm 内（图 17.1）。在相同的点上重复点样 4～8 次，每次点完后干燥几秒钟，让溶剂充分挥发，然后再点样。可以先用碎滤纸片进行训练。

（5）用一个大头针将滤纸条从褶缝中心的点钉在木塞底部，确保滤纸条要垂直悬挂。

（6）将滤纸条放入装有展开剂的试管中。展开剂要接触到滤纸条顶端，但要低于点样处。

（7）让展开剂向上展开，直到色素分离。

（8）大多数绿色菜叶的色谱图上会显示出类胡萝卜素（它会随着展开剂的前沿推移，距离底部最远）。蓝绿色的叶绿素 a 比橄榄绿的叶绿素 b 距离滤纸底部远（即叶绿素 a 展

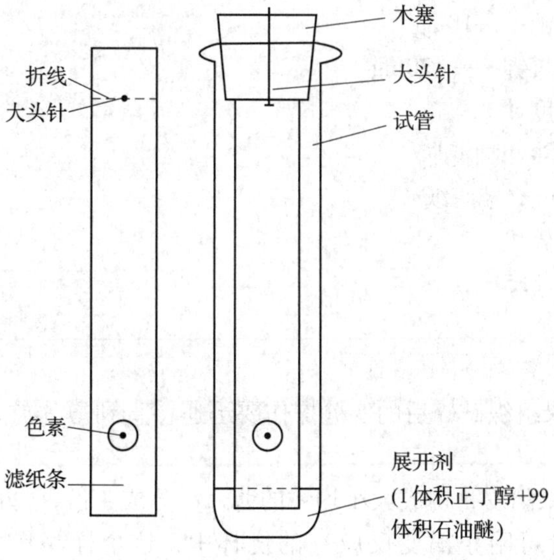

图 17.1　纸层析展开示意图

开更快)。在叶绿素 a 前面可能会观察到脱镁叶绿素 a 的灰色带。色谱图上可能还会显示出黄色的叶黄素的点或带。

（9）画出色谱图，并将各点标记出来。

薄层色谱

作为一种替代纸层析色谱的方法，薄层色谱可用于分离菠菜色素。在距离硅胶板的底部约 1.5cm 处点上含菠菜色素的石油醚提取物，点样直径在 1cm 以内。

当点样点彻底干燥后，将硅胶板放入含有溶剂（石油醚 - 异丙醇 - 水，100∶5∶0.25，体积比）的层析缸中。该溶剂的制备方法是：将异丙醇加入水中，混合后再加入石油醚。溶剂的深度一定要低于点样点的位置。当溶剂前沿展开至离点样点约 15cm 时，从层析缸中移出硅胶板，干燥硅胶板。

鉴别尽可能多的色素。

实验 4　酶促褐变

介绍和目的

一些植物组织的细胞壁中含有酚类物质。某些植物同时含有多酚氧化酶，该酶可将酚类化合物氧化成醌类化合物，最终转化成褐色的类黑精色素。苹果、香蕉、梨等水果组织中往往不期望发生这种褐变反应，因此了解如何控制褐变反应非常重要。本实验的目的是研究不同处理对苹果的酶促变色的影响。

材料

- 1 只苹果

- 1% 硫脲——60mL
- 抗坏血酸——10mg
- 亚硫酸钠——10mg
- 磷酸二氢钾——120mg
- 分光光度计
- 布氏漏斗和抽滤瓶
- Whatman 1 号滤纸
- 组织捣碎机

完成时间：1.5h

步骤

注意：苹果组织破碎后的实验操作要迅速，直到薄片放入溶液中。先将溶液配制好，烧杯做好标记。

（1）将苹果削皮，切成大小均一的薄片，分成4份，每份30.0g。将第1份放入盛有60mL1%硫脲（可阻止褐变反应）的烧杯中，这个样品作为对照。将第2份放入盛有60mL去离子水的烧杯中。将第3份放入盛有已溶解了0.01g抗坏血酸的60mL去离子水烧杯中。将最后1份放入溶解了0.01g亚硫酸钠的60mL水中，45s后倾倒出液体，再用溶解了0.12g磷酸二氢钾的60mL水溶液替换该溶液。

（2）30min后，将溶液倒入组织捣碎机中均质，采用Whatman 1号滤纸在布氏漏斗上真空过滤。将漏斗安装在过滤瓶上，打开真空装置，用洗瓶挤出少量去离子水润湿滤纸，小心地将滤纸铺在布氏漏斗上。将苹果匀浆倒在布氏漏斗中，持续抽滤，收集数毫升滤液。

（3）取每个样品的滤液1mL，分别加入4支装有5mL水的试管中，混匀。

（4）将试管中的物质转移到比色杯中，以去离子水做空白，在475nm下测定其吸光值。分光光度计的使用可参照实验仪器指导（第20章）。

问题

（1）列出苹果褐变时发生的反应。分光光度计测的是哪个中间体？

（2）描述不同处理方式对变色的影响，并在反应图上标明不同处理的作用点。

实验5 测定过氧化物酶活力以评价热烫的充分性

介绍和目的

蔬菜在冷藏之前要先进行热烫处理，杀灭其中的酶活，否则在储藏时会引起食品风味、色泽及抗坏血酸含量的变化。实验4中研究的可催化酶促褐变反应的多酚氧化酶是热烫的目标酶之一。由于过氧化氢酶和过氧化物酶这两种内源酶的耐热力比多酚氧化酶强，经常用它们作为果蔬热烫是否充分的指标。如果过氧化物酶被灭活了，那么那些引起食品颜色、风味、质构发生不期望的变化的酶都被灭活了。本实验的目的是测定蔬菜中初始的和热烫后的过氧化物酶活力。

材料

- 花椰菜——1 颗
- 愈创木酚——1mL
- 0.08% H_2O_2（用去离子水稀释 2.7ml 3% H_2O_2 到 100mL）——10mL
- 表面皿——2 个
- 组织捣碎机——1 台
- 漏斗
- 玻璃棉

完成时间：30min

备注：使用愈创木酚部分的实验在通风橱中完成。

步骤

（1）样品制备

a. 将椰菜分为两批。去除大叶子及木质化的茎。从纵向将其切成大小均一的片。将一批放入沸水中煮 3min，然后取出，浸入冷水中冷却，沥水。

b. 两批均按照椰菜与水质量比为 1∶3 的比例在组织捣碎机中匀浆 3min，用垫着玻璃棉的漏斗过滤。

（2）过氧化物酶测定

a. 取几毫升未热烫的椰菜的滤液放入表面皿中。

b. 添加几滴愈创木酚和 0.08% H_2O_2。砖红色的深浅表示过氧化物酶的活力。

c. 对于热烫过的椰菜，重复 2a 和 2b 的步骤。

问题

（1）热烫处理充分吗？

（2）为什么过氧化物酶和过氧化氢酶可以作为热烫是否充分的指标？

实验 6 橘子颜色的测量

介绍和目的

有时风味和质构上已经成熟的橘子和柚子，它们的皮却并未呈现出完全成熟的颜色。乙烯气体能加速橘子颜色的变化，添加一些人造色素也能达到同样的效果。使用人造色素时，需要标记“添加色素的”或“含人造色素的”。未染色的橘子或柚子即便已经成熟也会有绿色的条纹。《联邦食品、药品、化妆品法案》允许向成熟的或者质量可接受的橘子或柚子中添加色素。但人造色素不能用于掩盖次品或已变质的产品。柑橘红 2 号是常用的一种人造色素。人造色素的最大添加量必须低于安全限。本实验的目的是检测红色素是否被添加到标记的或未标记的橘子或柚子中。

材料

- Whatman 3 号 MM 滤纸

- 溶解在氯仿中的柑橘红 2 号色素——5mL
- 移液管
- 丙酮——130mL
- 100mL 量筒
- 乙醚——70mL
- 层析缸
- 125mL 锥形瓶
- 漏斗
- 玻璃棒
- 氯仿
- 滴管
- 标记的和未标记的橘子和/或柚子各 3 个

完成时间：1.5h

步骤

（1）将 18cm×23cm 的 Whatman 3 号 MM 滤纸按 23cm 一侧竖直的位置放置。在滤纸下方 2.5cm 的地方用软铅笔画一条水平线。划分出 3 个 1.3cm 的区域用来点样，将这 3 块区域分别标记为“柑橘红 2 号色素”、标有“添加色素的”橘子或柚子、未标有“添加色素的”橘子或柚子。

（2）在 125mL 漏斗下方放置 125mL 锥形瓶。用 3 根玻璃棒支撑 1 个未标记的橘子或柚子，用滴管喷洒 25mL 氯仿，洗脱色素。

（3）再用 2 个水果片重复步骤（2）所得洗涤物混合。

（4）将洗涤物旋转蒸发浓缩，但并不完全蒸干。

（5）以标有“添加色素的”的橘子或柚子为原料，重复步骤 2～4。

（6）将 130mL 丙酮和 70mL 乙醚倒入层析缸底部。用毛细管在标记好的薄纸片上点上大约 50μL 的样，即柑橘红 2 号色素和两种溶解在少量氯仿中的待测物。将滤纸片放入层析缸中，悬挂起来，使滤纸底部大约 0.6cm 浸入溶剂中，盖上缸盖静置约 1h。

（7）取出滤纸，自然风干。测量颜色展开的距离。通过比较展开的距离，判断是否添加了色素。存在的天然色素会停留在点样点。

18 实验：果　　胶

果胶是D-半乳糖醛酸的聚合物，其羧基部分甲酯化的比例不同。这些多糖存在于菌褶及组织细胞壁中。用于制作果冻的果胶是从未充分成熟或刚刚成熟的水果中获得的。商业果胶多来源于柠檬和橙皮，少量来源于苹果渣。果胶形成凝胶时需加入糖和酸。凝胶的形成需要足够的果胶。果汁中果胶的含量可以通过测定果汁黏度获得，或采用乙醇沉淀的方法测定。

实验1　果胶物质的组织化学定位

介绍和目的

如果植物组织中的果胶物质含量足够高，那么用钌红对植物组织染色时就会显现红色。该反应的机理目前尚不清楚。本实验的目的是介绍作为一种研究工具的显微技术和植物组织中果胶物质的定位。

材料

- 苹果——1个
- 钌红（至少每学期制备一次）——10mL
- 直刃刀或刀片——1片
- 显微镜和载玻片

完成时间：30min

备注：使用刀片的时候要小心。

步骤

（1）使用不是过分脆的不锈钢的直刃刀或单刃刀片练习制备新鲜苹果的组织切片（15～20片）。

（2）在载玻片上滴一滴水，将切片附在水滴上，用1∶5000的钌红淹没切片。在显微镜下观察果胶物质存在的粉红色和红色区域。

问题

（1）果胶物质在植物组织的哪里？它们在完整的植物中起什么作用？

（2）当水果成熟时，果胶物质发生什么样的变化？在什么阶段可用于食品工业？

实验2　果胶凝胶

介绍和目的

果胶在有充足的糖和合适的pH条件下，会形成坚实的凝胶。果胶、糖、酸的浓度都会影响凝胶的性质及强度。本实验的目的是测定果汁中的果胶含量，并测定蔗糖、pH、加热终点温度、果胶的类型和浓度对果胶凝胶的可溶性固形物、产量、垂度和强度的影响。

配方

见表 18.1。

表 18.1 果胶实验中的不同样品

样品	新鲜果汁体积/mL	糖的质量/g	终点温度/℃
A. 糖添加量不同			
1. 最适添加量的 0.5 倍	237		104.5
2. 最适添加量	237		104.5
3. 最适添加量的 1.5 倍	237		104.5
B. 果汁的 pH 不同			
4. 果汁的 pH	237		104.5
5. 调节 pH2.4	237		104.5
C. 终点温度不同			
6. 低终点温度	237		101.5
7. 最适终点温度	237		104.5
8. 高终点温度	237		107.5

样品	果胶质量/g	氯化钙体积/mL	蒸馏水体积/mL	糖的质量/g	柠檬酸[a]体积/mL	终点温度/℃
D. 150g 级果胶的量不同						
9. 最适添加量 0.5 倍	1.5	0	300	454	4.7	104.5
10. 最适添加量	3.0	0	300	454	4.7	104.5
11. 最适添加量的 2 倍	6.0	0	300	454	4.7	104.5
E. 果胶类型不同						
12. 低甲氧基	5.0	0.365	300	10	4.7	沸点
13. 快速凝胶（添加 50g 草莓酱）	3.0	0	300	454	4.7	104.5
14. 慢速凝胶（添加 50g 草莓酱）	3.0	0	300	454	4.5	104.5

注：[a]286.02g 含水柠檬酸溶解在 300mL 水中。

完成时间：2h

备注：校准温度计，确保得到合适的终点温度；确保温度计插入果汁中而不是在果汁上层泡沫中。称量装果冻的空瓶的质量，以便计算产量。本实验最好分为几组操作。

步骤

（1）果汁制作：将苹果洗净，切成四等份，去蒂、去梗，不用削皮和去核，切成小片。每 1.8kg 苹果放入一个壶中，并向其中添加 4 杯水，加盖、高温煮沸，然后降温，用小火炖 20～25min 或直至质构变软。搅拌以避免烧焦。将水果倒入湿的果汁滤袋或铺在漏锅上的三层纱布上，让其滴漏下来。当几乎停止不漏时，挤压滤袋或纱布以得到所有的果汁，再从新的滤袋中过滤出来。

（2）果冻瓶的准备：浸没在水中煮15min，记录2个果冻瓶及1个小烧杯的质量并标记。口朝下置于铺有纸巾的托盘上。

（3）测定沸腾的去离子水的温度，如果果冻的沸点不是100℃，调整终点温度。

（4）向盛有15mL乙醇的量筒中加入15mL果汁，缓慢倒置再转回来。如果有大量沉淀，表明果冻中含有大量果胶，将沉淀倒在盘子上。

（5）通过对果汁进行凝胶测定，确定1~8每种样品（表18.1）中的糖添加量。凝胶测定仪的使用参考实验仪器指导（第20章）。

（6）果冻的制备：对于样品1~8（表18.1），将糖和果汁置于铝制炖锅上直接加热。快速煮沸但不要过热。加热到表18.1所示的终点温度，这是糖浓度的一个指示。温度计必须插入果汁而非泡沫中。对于样品12，将果胶与$CaCl_2$混合，边搅拌边向搅拌器中的冷水加入果胶混合物。对于样品9~11、样品13、样品14，将果胶与1/10的糖混合，将水加热后边搅拌边向搅拌器中加入果胶混合物。对样品13、样品14，要加入草莓酱。对样品9~14，加热混合物至沸并保持0.5min，将剩余的糖加入，加热到表中所示的终点温度，加酸。

（7）达到终点温度时，进行成片测试：将冷的金属勺插入热的果冻中，置于平底锅上方，翻转过来让液体从勺子的边缘流出。如果附在边缘上的几滴液体聚集成片，而不是各自分别滴下，则果冻形成。如果成片测试不成功，不要加热超过终点温度。

（8）将果冻从热源上移开，立即倒入罐中，并倒少许在小烧杯或耐热杯中。注意：若胶凝在果汁倾倒之前发生，倾倒导致的机械破坏就会降低凝胶强度。当罐中的果冻冷却后，加盖，标明名称、日期、实验部分及样品种类。

（9）称量质量，确定产量。将装有果冻的瓶子或烧杯称重，减去没有装果冻时瓶子或烧杯的质量，得到果胶的产量。

（10）在凝胶形成之前，尽快用折射仪测量烧杯内果冻的可溶性固形物含量，将其与糖浓度关联起来。折射仪的使用参考实验仪器指导（第20章）。

（11）确定果冻中最终糖的百分比：

$$\frac{\text{所用糖的质量}}{\text{果冻的质量}} \times 100\% = \text{糖}\%$$

（12）采用透度计或带有锥形探针的质构分析仪测量果冻的凝胶强度，将果冻储藏在罐中直到下次实验。透度计或质构分析仪的使用可参考实验仪器指导（第20章）。

（13）用游标卡尺测量果冻的垂度，记录果冻在烧杯或耐热杯中的高度（数值1），将果冻从模中取出放在盘上测量高度（数值2）。游标卡尺的使用可参考实验仪器指导（第20章）。

$$\frac{\text{数值}1 - \text{数值}2}{\text{数值}1} \times 100\% = \text{垂度}\%$$

（14）按果冻的透明度、坚实度和风味排序。

（15）绘制不同参数对可溶性固形物含量、产量、垂度及凝胶强度的图。

问题

（1）凝胶测试仪测量果汁的什么性质？

（2）为什么酒精能使果胶沉淀？

（3）胶体分散系中果胶稳定的原因是什么？

（4）果汁制作中使胶体分散体系不稳定的因素是什么？

（5）将果冻加热到104.5℃起什么作用？

（6）如果在制作果冻时只加热到103℃，而非104.5℃，那在如下几个方面会有什么影响？

- 果冻的产量？
- 果胶的浓度？
- 糖的浓度？
- 果冻的垂度？

（7）如果在制作果冻时，糖的用量只是最适糖添加量的0.5倍，终点温度与采用最适糖添加量时是一样的，在如下几个方面会有什么影响？

- 果冻的产量？
- 果胶的浓度？
- 糖的浓度？
- 果冻的垂度？

（8）如果在制作果冻时，糖的用量只是最适糖添加量的0.5倍，加热时间与最适糖添加量时是一样的，在下面几个方面会有什么影响？

- 果冻的产量？
- 果胶的浓度？
- 糖的浓度？
- 果冻的垂度？

（9）如果制作果冻所用的果胶有70%是甲酯化的，将会有什么样的结果？配方将有什么不同？哪种能较快速胶凝，哪种会慢速胶凝？

（10）如果在制作果冻时，果胶添加量大于最适果胶添加量，但终点温度和糖的添加量保持不变，在如下几个方面会有什么影响？

- 果冻的产量？
- 果胶的浓度？
- 糖的浓度？
- 果冻的垂度？

19 实验：合成的碳水化合物食品胶体

天然胶体，如瓜尔胶、刺槐豆胶、阿拉伯胶和卡拉胶，它们或多或少有某些功能缺陷，例如酸或热稳定性、相对密度、成分兼容性、可用性、感官品质或成本等方面。为了达到这些和更多的性质，人们以纤维素为原料生产了食用胶体或对天然胶体进行化学修饰，以提供终端使用所需的特定性质。较常见的例子是甲基纤维素、羟丙基甲基纤维素和羧甲基纤维素钠。这些胶可以用来包衣、稳定化、悬浮、结合、成膜、携带风味、增稠、减少脱水作用、改善质构和延长货架期等。某些天然胶，如海藻胶，能和钙离子这样的金属离子相互作用制备"快速"胶。这些化学知识可以应用在冷冻切块的洋葱环和红色柿子椒填充的绿橄榄的加工中。

实验 1　纤维素胶的分散性和热胶凝性*

介绍和目的

通过引入化学基团，如甲基和/或羟甲基纤维素的醚官能团，可以将纯纤维素化学改性。这些纤维素胶具有很多良好的功能性质，包括稳定乳状液和悬浮液的性质、酸稳定性和热凝胶稳定性等。本实验的目的是测定纤维素胶的性质，学会制备胶分散体系。

材料

- 羟丙基甲基纤维素 A4M——5g
- 羟丙基甲基纤维素 K4M——5g
- 醋——40mL
- 消泡剂——2 滴
- 植物油——50mL
- 胡椒粉——0.5g
- 面粉——60g
- 糖——38g

完成时间：1.5h

步骤：羟丙基甲基纤维素分散体系的制备

（1）冷水测试：室温下向 99g 水中添加 1g 羟丙基甲基纤维素 A4M，剧烈搅动，有什么现象发生？

（2）冷/热技术：制作 100g 2% 羟丙基甲基纤维素 A4M 和 2% 羟丙基甲基纤维素 K4M

* 甲基纤维素实验准则，陶氏化学公司产品设计部门，密歇根州，米德兰，48640。

的分散体系。将2g羟丙基甲基纤维素粉分散在约为总体积1/3～1/2的热的（85～90℃）去离子水中，剧烈搅拌，然后加入剩余的水（冷水或冰），使总质量达到100g。继续搅拌，直到混合物滑顺且温度降至22℃。做好标记，备用。

（3）非水相分散体系

a. 油：向38g色拉油中添加1g羟丙基甲基纤维素K4M，缓慢搅动；添加23g水使胶体粒子水合；添加38g醋并搅拌。参照物的制备是将相同量的油、水、醋混合，但不添加食品胶。记录分层时间，保留这些样品备用。

b. 干混：向100g面糊混合物（60g面粉，38g糖，2g盐）中添加0.4g羟丙基甲基纤维素K4M，搅拌2min使羟丙基甲基纤维素粒子分散。加入120g冷水，轻柔搅拌，直到面糊滑顺。这种方法是否能使碳水化合物食品胶充分水合？

步骤：羟丙基甲基纤维素的性质

（1）热凝胶性：向18mm×150mm的试管中添加半管2%的羟丙基甲基纤维素A4M溶液［上面步骤（2）制备的］，再以2%的羟丙基甲基纤维素K4M［上面步骤（2）］制备一份溶液。将2支试管放入沸水中。观察凝胶形成的速度，哪个速度比较快？热凝胶生成后，小心将胶从试管中滑到表面皿或培养皿中，感觉胶的质构，记录颜色，观察其结构松弛的时间，哪种胶比较坚实？哪种胶消失的比较快？

（2）乳化性：重新测定上面步骤（3）（分散在油中）制备的乳化体系，分别记录结构松弛的时间、颜色、质构和口感。

（3）低pH下的稳定性：测定添加了或没有添加食品胶的［上面步骤（3）制得的］油、水、醋的混合物的pH。

（4）悬浮性：添加少量的黑胡椒到［上面步骤（3）制得的］油、水、醋混合物中并振荡，5min后观察，哪种混合物能最均一地分散黑胡椒？

（5）表面活性：将12.5mL的［由上面步骤（2）制得的］2%羟丙基甲基纤维素K4M用水稀释到100mL并剧烈振荡。观察泡沫的稳定性，加入一滴食品级的消泡剂，观察其反应。是否还有起泡现象？

（6）气味/味道，用蒸馏水将25mL［由上面步骤（2）制得的］2%的羟丙基甲基纤维素K4M稀释到100mL，并充分混合。你对这个0.5%的胶溶液的感官特性评价如何？

a. 气味：强—中—弱—无

b. 滋味：强—中—弱—无

讨论

（1）热凝胶性对多种食品产品或其加工（深度油炸食品、蛋糕产率、派的充填）有何作用？

（2）为什么其它各种分散技术比冷水分散技术好？什么是“鱼眼”？试举出一些可以用到这些技术的增稠剂。

（3）列举本学期实验中遇到的3个可能应用碳水化合物胶体的产品及其原理。

实验 2 海藻胶

介绍和目的

食品胶体来源丰富，包括植物、种子的乳胚、纤维素衍生物或细菌体分泌物。一些比较有意义的胶体来自海藻类，其中之一就是来自巨海藻（*Macrocystis pyrifera*）的海藻酸盐。海藻酸盐能与二价阳离子（尤其是 Ca^{2+}）发生有趣的相互作用。本实验的目的是研究海藻胶的形成及其性质。

材料

- 低钙海藻酸钠——1g
- $CaCl_2$——5g
- 食品色素

步骤

（1）制备 100mL 5% 的 $CaCl_2$ 溶液。

（2）制备 100mL 1% 的海藻酸盐溶液，边搅拌边从搅拌器上的小孔向凝胶中加水，添加食品色素。

（3）缓慢地向 $CaCl_2$ 溶液中倒入海藻酸盐分散体系，观察海藻胶的快速形成。

（4）将胶条取出并放在表面皿上，几天后观察胶的脱水情况。

问题

（1）胶凝的机理是什么？

（2）低甲氧基果胶凝胶、氢键凝胶与本实验的凝胶相比，有何区别？

20　实验仪器指导

Brookfield 黏度计（表盘式和数字式）

测量

通过测量旋转轴在流体里所受的力测定流体的黏度。

用途

测量流体黏度用于质控，或者通过改变剪切速率研究材料的流变性质。

操作步骤（表盘式）

（1）将转子（图 20.1 A）安装到转轴下方。用一只手将转子连接器稍微抬起，另一只手顺时针旋紧转轴上的螺丝将转子固定。

（2）压住离合器（C），将转子插入待测溶液中，确保转子末端的凹槽浸入液面以下。若用圆盘形转子，在浸入液面下时要将转子倾斜，以防气泡进入。当转子安装在黏度计上时，要避免使转子撞击到容器内壁，以防损坏转轴附件。

（3）以黏度计上的气泡水平面（B）为基准调整黏度计水平。

（4）压住离合器（C），打开电机开关（D），旋转速度按钮（E）以调整速度。放开离合器让表盘转动，直到指针（F）稳定在表盘上某一确定的位置（20 ~ 30s）。然后压住离合器，关闭电机开关，从指针可以确定仪器是否停止。

（5）根据所用的黏度计类型、转子型号、转速等，利用 Factor Finder 确定黏度值。

（6）在离合器仍被压住、初始读数保持不变的时候，打开黏度计开关，以获取重复测定结果。释放离合器，待指针稳定之后，压住离合器，读取数据。这将会减少指针稳定所需的时间。在恒定温度下，数据必须在整个量程 0.2% 的范围内有重现性，准确度应保证在整个量程范围的 1% 以内。

（7）按下述格式记录数据。

样品　型号　转子型号　转速　表盘读数　因子　黏度/Pa·s　温度/℃

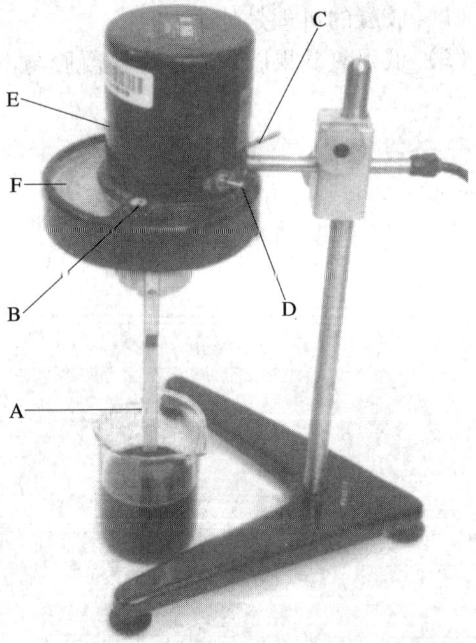

图 20.1　表盘式 Brookfield 黏度计

操作步骤（数字式：RVDV－E Brookfield 黏度计）

（1）打开电源（用黏度计后面的摇杆开关；图 20.2）。

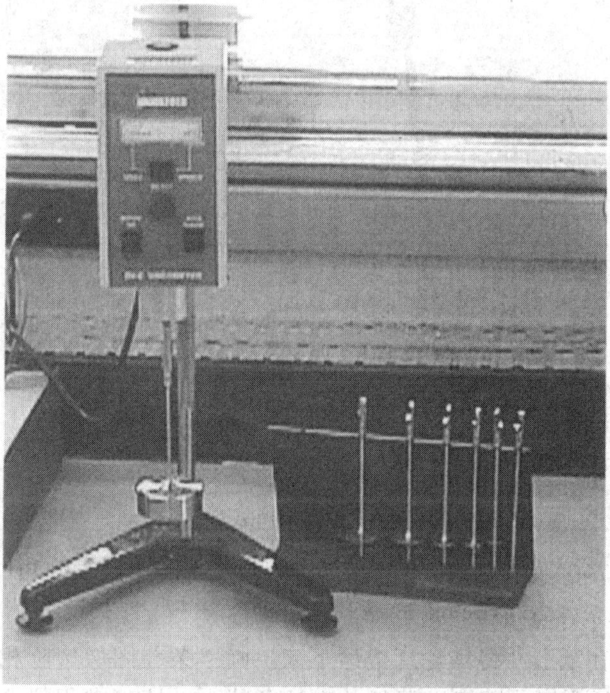

图 20.2 数字式 Brookfield 黏度计

（2）选择转子并安装到转轴上。将“SPEED/SPINDLE”旋钮旋至右侧，旋转“SELECT”旋钮直到屏幕上显示的转子型号与你所选的转子型号匹配。

（3）将转子末端插入待测溶液中，直到转子末端的凹槽浸入液面以下。

（4）将“SPEED/SPINDLE”旋钮旋至左侧，并旋转“SELECT”旋钮直到达到所期望的速度，然后可进行黏度测量。

（5）将电机开关打到“ON”挡，等屏幕上所显示的数字稳定再读数。

补偿型极点求积仪

测量

任何形状的平面面积。

用途

以一片烘焙产品的面积作为该烘焙产品体积的一个指标。相比于种子置换法，这种方法优越的地方在于测量之前无需冷却产品。

操作步骤

（1）在平面上将一张纸完全平整地铺展，并用带子或图钉将其固定。

（2）将示踪臂（图 20.3 A）安装在稍偏测量者右方一侧，与桌子前端垂直。在示踪臂的插孔中插入杆臂球（B）。

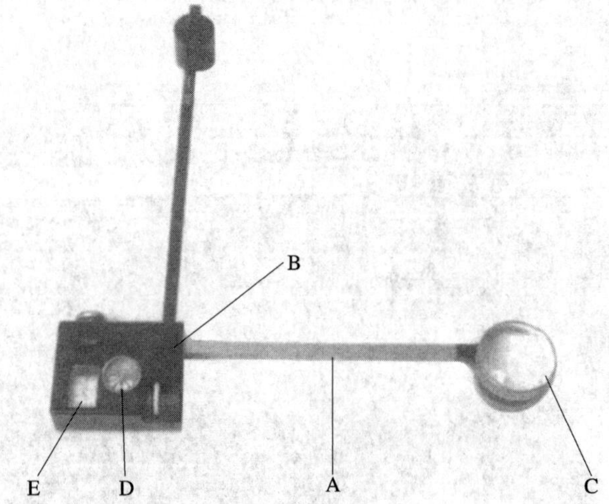

图 20.3 补偿型极点求积仪

（3）持放大镜（C）观察示踪点的测试范围，注意只要示踪臂和杆臂所成角度范围在 15°～165°之间时，示踪点可以自由移动。

（4）将样品放在纸上并将其轮廓描绘下来。画一条与图像边际相交的细线以标记起点和终点。在放大镜下将示踪点准确地放在这条线上，读出求积仪上的读数或将其设为 0。持放大镜（C），以顺时针方向仔细地绕该线转一周。避免任何逆时针运动。如果示踪点有稍许偏离轮廓线，可以通过在轮廓线相反的方向上适当的偏离示踪点进行补偿。当示踪点回到起点，记下第二个读数。两个读数之间的差值就是该图像的面积。读数方法：第一位数是表盘（D）上的读数，即示踪点正处于或刚经过的。第二位或第三位数是通过观察度量轮上与游标卡尺 0 刻度相对或游标卡尺 0 刻度刚经过的刻度，由度量轮（E）上读出的。第二位数是度量轮上的读数或主刻度，第三位数是度量轮上的副刻度。最后一位数是当游标卡尺的刻度线和度量轮上的某一刻度线形成一条直线时读数。游标卡尺的一个单位相当于 0.1cm²。度量轮的一个副刻度相当于 1.0cm²，一个主刻度相当于 10cm²。表盘上的一个刻度相当于 100cm²。

稠度计（Bostwick）

测量

一定时间内产品在其自身重力作用下产生的流动所反映的黏度。

用途

测量黏性物质如番茄酱、果冻、果酱、婴儿食品和色拉调味料等的稠度。

操作步骤

（1）将稠度计放置在水平面上，调节水平螺丝（A）直到水平仪（B）的指示气泡处于中间位置为止（图 20.4）。

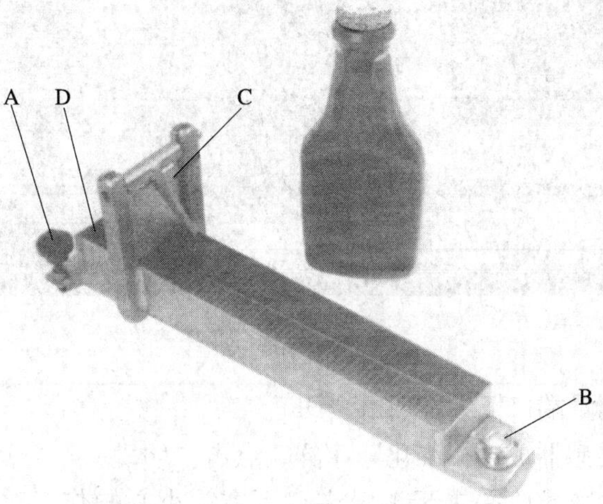

图 20.4　稠度计（Bostwick）

（2）关闭储料池的阀门（C），勾住扳柄将其压紧。将待测样填入储料池（D）中，使试样表面平整。

（3）压住扳柄将阀门打开并开始计时。在一定的时间结束后，读取水槽中部和边缘的数据，求取平均值。如果要得到较高的重复性，要控制好流动时间和样品温度。

亨特色差计

测量

用来测量各类产品的颜色。它的独一无二的几何眼能模拟人眼看颜色的方式，并且能够以多种形式报告出来，包括常见的 L、a、b 亨特参数。

用途

测量烘焙食品、水果、蔬菜、肉和其它多种类型食品的颜色。

操作步骤

（1）打开 Lab Scan XE（在电源线下方、仪器底部的右下方，图 20.5）。

（2）打开电脑及显示器。

（3）双击桌面的“UNIVERSAL”图标。

（4）仪器标准化：

- 选择传感器，接着在工具栏中选择标准化。
- 当标准化对话框出现，点击“OK”。
- 将黑板放在测量端口下方，点击“OK”。

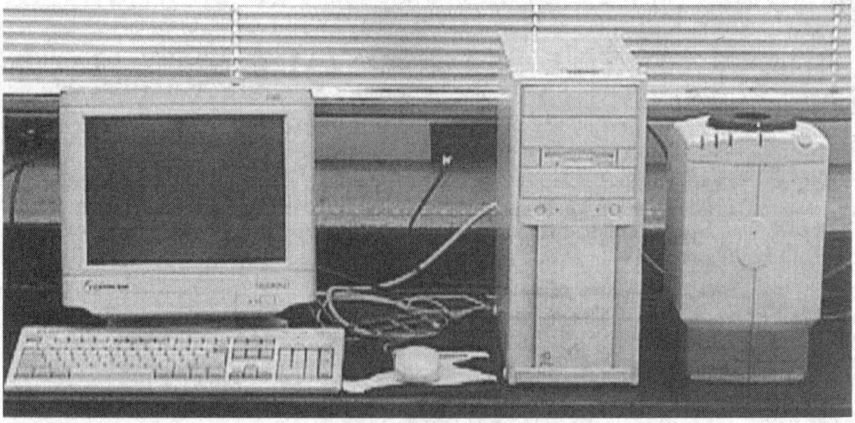

图 20.5　亨特色差计

- 将白板放在测量端口下方，点击“OK”。
- 将会出现“传感器成功标准化”字样，点击“OK”。

（5）将样品放入培养皿并置于测量端口下方，小心操作，勿使样品掉入 Lab Scan XE 中。

（6）点击菜单栏中的“Read Sam”（读取样品）按钮。

（7）将出现“平均亨特实验数据”对话框。

（8）点击“Average”（平均）。

（9）在“输入样品信息”对话框中命名样品。注意：确保不同样品具有不同的 ID。

（10）点击“OK”。

（11）现在可以在“管理颜色数据”窗口中看见所测实验数据。

（12）可以通过工具栏中的“Active View”改变到不同的颜色系统。

（13）点击“Active View”改变“Scale”，比方说为“Yxy”，点击“OK”。

（14）现在“管理颜色数据”窗口中将显示颜色数据 Y、x、y 的值。

（15）记录窗口中的数据。

（16）关闭主窗口。

（17）将弹出信息框询问是否你愿意在没有储存未保存数据的情况下退出窗口。

（18）点击“Exit”。

（19）关闭电脑。

（20）关闭 Lab Scan XE。

相对密度计

测量

相对密度计的原理是悬浮在液体中的固体所受到的浮力与其排开液体的质量相等。排开液体的质量等于其体积和密度的乘积，因此对于相同悬浮物，不同的被排开液体的体积与其密度成反比。

用途

水溶液中糖、盐或酒精含量测定，牛奶或番茄汁中固形物含量测定，油的鉴定。

操作步骤

（1）相对密度计的质量一定要小于它总共能排出的液体的质量（保证可以悬浮）。将待测液体放入玻璃圆筒中，圆筒直径至少是相对密度计底部直径的两倍（见图 20.6）。液体中应没有气泡，温度应控制在相对密度计指定的温度。

（2）将清洁干净的相对密度计缓缓地浸入液体中，稍低于相对密度计悬浮点的位置，然后使它自由悬浮。

（3）读数时视线与凹液面的底部水平。读取与液面相切的相对密度计刻度。

（4）不同类型的相对密度计其读数杆的校准尺度不同。

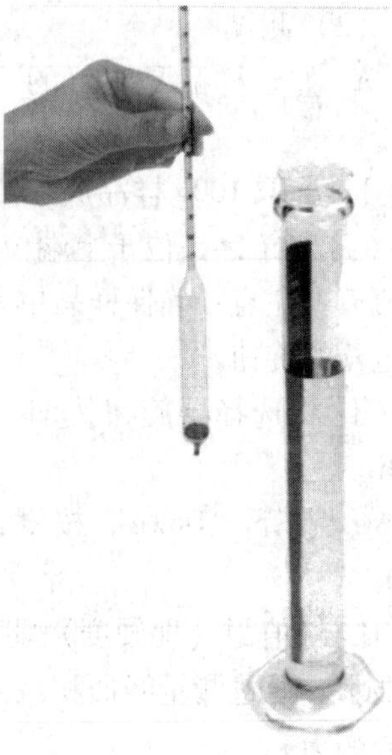

图 20.6 相对密度计

相对密度计的类型

- 酒精相对密度计——以乙醇体积百分数为单位。
- 波美相对密度计——以°Bé 为单位，波美度可以按如下方式转换为相对密度（d）：

若液体比水重：

$$d = \frac{145}{145 - \text{波美度}}$$

若液体比水轻：

$$d = \frac{140}{130 + \text{波美度}}$$

- 检乳器——专门用于液态奶。Quivenne：把 15 ~ 40 平均分成 25 个刻度；29 表示牛奶的平均相对密度（在 15.6℃ 下为 1.029）。其与相对密度的相互转换表可从 AOAC 获取。
- 糖溶液相对密度计——巴林相对密度计测量 15.6℃下糖的质量分数，白利相对密度计测量 17.5℃下糖的质量分数。
- 盐液相对密度计——测量溶液中盐的饱和度。

Instron 材料测试仪

测量

测量食品或其它材料与探头之间的压力/张力等相互作用力和/或能量。

用途

Instron 是一种通用型材料测试仪，能用于多种食品质构的测试。

描述

它包括一个活动的十字头（用来压缩或拉伸样品）、一个负载传感器（测量力）、一个测试槽（放置样品）和一个数据记录仪或电脑。

Kramer 剪切测试操作步骤

（1）设置：由于 Instron 的通用性，仪器设置较为复杂。根据仪器说明书校准并选择负载传感器、调节十字头和记录仪速度等。Instron 需要预热半小时左右。

（2）测试

a. 如果样品是新鲜的、完整的，将它切成合适大小。如果样品是罐装的，将水沥干。

b. 称取 100g 样品放入测试槽中。盖上瓶盖，使印有数字的一侧朝向同一方向。

c. 当十字头位于上端位置，将样品单元小心滑进测试槽固定器中，倾斜的一边要指向刀刃。注意：确保样品单元的位置正确，否则可能造成负载传感器被破坏。旋紧样品槽固定器的旋钮。

d. 将选择器旋钮拨向“Return”，检查确定记录仪处于“Test”位置，且记录笔已打开。

e. 按下“Down”按键，记录仪自动开始工作。当十字头回到“UP”位置，测试完成。

f. 峰值力（即硬度）能直接从图上测得，也可通过点击“DISPLAY PEAK FORCE”来显示。通过测量峰面积或点击“DISPLAY ENERGY”来获取总能量（十字头整个运动过程的力）。

凝胶测定仪

测量

流速。

用途

显示果汁中果胶的含量，该值可用于决定制作果冻需要的糖的含量。

操作步骤

（1）将手指放在凝胶测定仪的底部（图 20. 7）。

（2）在室温下，向凝胶测定仪中灌入待测液体，灌满。

（3）将手指移开并精确控制果汁流动 1min。重新将手指放在底部。

（4）记下果汁液面的位置及离此位置最近的数字，由此可读出每杯果汁中所添加的糖量。

图 20. 7 凝胶测定仪

线性铺展仪

测量

根据食品在平面上铺展的能力测量食品的稠度。

用途

测量可流动的食品如沙司、软质奶油冰淇淋、苹果酱、淀粉布丁、蛋糕糊、奶油等的表观黏度。

操作步骤

（1）将玻璃圆盘置于标有刻度的同心圆网格中心，同心圆刻度间隔为 2mm（图 20.8），网格必须水平。

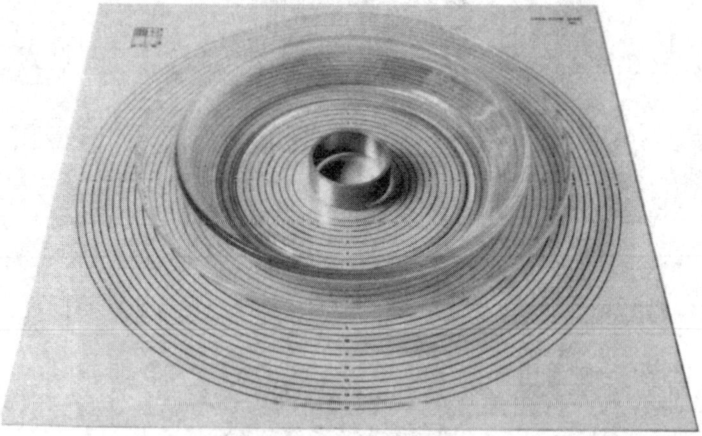

图 20.8 线性铺展仪

（2）将直径为 5cm 的空金属圆环直接放在最小的圆上。

（3）用待测食品将圆环填满，并用抹刀抹平表面。

（4）将圆环抬起，使食品铺展。为精确比较结果，样品温度和流动时间应保持恒定。

（5）快速读取在 4 个充分分离的食品铺展极限位置的读数。报告在该温度和流动时间下，食品从圆环铺展开的（2mm）格数的 4 个读数的平均值。

透度计或压缩仪

测量

利用针形探头测定样品的透度。利用圆锥形附件测定样品的压缩及剪切性。利用圆盘形附件测定样品时，如果样品形成的圆比圆盘形附件小，则可测定样品的压缩性；如果样品形成的圆比圆盘形附件大，则可以测定样品的剪切及压缩性。

用途

探针——测定新鲜蔬菜和肉的硬度和嫩度；锥形附件——测定硬度或塑性，如脂肪、奶酪、凝胶的硬度，蛋糕、面包的柔软度和奶粉的黏结力。圆盘形附件——焙烤产品的硬度和面包老化过程中硬度的变化。

操作步骤

（1）调节基座上的螺丝（图 20.9A）使透度计处于水平状态。调节水平仪时确保从正上方观察。如果测定硬质样品的透度需要额外的质量时，可以在测试杆（B）上增加质量。标准测试杆的质量是 47.5g。

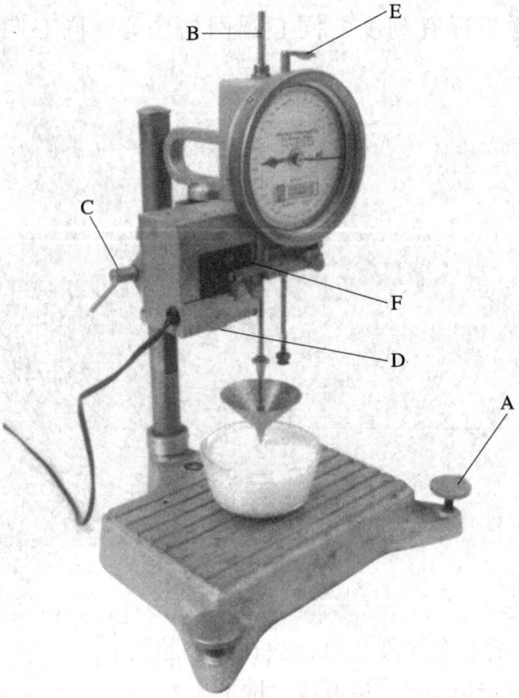

图 20.9　透度计或压缩仪

（2）握住测试杆，将表盘读数设置为零，按下释放杆（F），将测试杆升至尽可能高的位置。如果这时表盘指示不在“0”位置，调整“零校旋钮”。

（3）调整机械头高度，使透度仪的顶点恰好接触样品表面。一种比较简单的调节方式是：在样品槽的一旁放置弱光源，透度仪的锥形顶会在样品表面形成阴影，调节到透度仪的顶点在样品表面没有阴影时，说明机械头高度已经调好。调整机械头的高度时，首先把锁定螺丝（F）打开，用粗调旋钮调节。确保用锁定螺丝将机械头安全锁好，再用微调旋钮（D）进行调节。打开时间控制盒的开关（同时将其控制开关关闭）。

（4）开始测试，当导航器在开启状态下，随时可以打开控制开关。当导航灯亮的时候，螺线管被激活，开始穿透。该灯持续亮 5s 然后熄灭。这时螺线管不再工作，穿透停止，测试结束。关闭控制开关，读取读数。

（5）读数：轻轻地将深度量杆（E）推至最低位置，读取穿透深度。表盘读数即为穿透深度，其单位为0.1mm。例如，当指针指示在270点后的第四个刻度处，则读数274×0.1mm，或27.4mm。带有计时器的精密通用透度计一次性测量的穿透深度可达62mm。深度超过38mm时，表盘指针完全回旋，继续从"0"位置开始记录另一次旋转读数。将两部分读数加起来可确定总穿透深度。

（6）同步骤（2）中那样重设表盘读数为"0"。

（7）对任何经过最初调整的样品，其机械头高度未必要粗调，有些样品在最后接触时要进行微调。至少测定3个样品或对同一个样品至少测试3次，才可以得到结果。

pH 计

测量

pH。

用途

测量样品的氢离子浓度。

操作步骤

（1）将pH计电源接通，始终保持打开状态（图20.10）。

图20.10　pH计

（2）将操作钮旋处于"Standby"（待命）状态，电极插入盛有去离子水的250mL三角瓶中。

（3）使用前先校正pH计，在测定完5、6个样品后应重新校正pH计。每次实验前校正时所用的校正液应该是新制备的，实验结束后弃去。实验过程中，如果校正液没有被污染的话，则不需要更换。

（4）调零。

a. 对应缓冲溶液的温度调节 pH 计的温度补偿器，检查所测试样的温度是否不同。

b. 用去离子水小心冲洗电极。

c. 将电极擦干。

d. 将电极插入盛有 pH7.0 的标准缓冲溶液的 50mL 烧杯中，勿使电极接触容器壁和容器底部。

e. 将操作旋钮由“Standby”旋至“pH”。数字显示屏上的读数应该为 7.0，若不在 7.0，则通过调节“Calibrate”旋钮使之到 7.0。

f. 为确保 pH 计正常工作，再将电极插入盛有 pH4.0 或 pH10.0 的标准缓冲溶液中进行校正。

g. 将操作旋钮旋回“Standby”。从 pH7.0 的缓冲液中取出电极，用去离子水清洗、擦干，重新插入 pH4.0 或 pH10.0 的缓冲溶液中，将操作旋钮由“Standby”旋至“pH”进行校正。如有必要可重复校正。如果数字显示的读数偏离 4.0 或 10.0 较远，则仪器可能出故障，应参阅使用说明书。

（5）校正后测定待测液的 pH。

a. 操作旋钮旋至“Standby”。

b. 取出电极，清洗干净，擦干。

c. 将电极浸入一定体积的待测液中，旋钮旋至“pH”，30s 后读数。

d. 若显示屏上读数飘移范围较宽，则仪器可能出故障，应参阅使用说明书。

（6）在两次使用间隔中，应将电极彻底清洗干净、擦干，储存在去离子水中。

反射仪

测量

样品表面的光反射。

用途

用于食品例如咖啡、薯片、花生糖、可可豆和番茄酱等其它食品的色泽或亮度对比。

操作步骤

（1）打开开关（图 20.11）。

图 20.11　反射仪

（2）将探测装置插入机器挡板后面的槽中，将其位置调整好。

（3）关闭指示灯，通过旋转零点控制旋钮将机器调零（指针指向“0”），再打开指示灯。

（4）按下指示灯开关，打开探测装置并预热30min。

（5）插入绿色的三色激励滤色片，在探测装置的位置放上标准校正板。按滤色片上所标示的数值，通过调整仪器右侧的灵敏度旋钮来设定反射仪的读数。

（6）将探测装置打开，对准样品，读数，这个值代表样品的绿色激励反射值。如果需要测定样品的亮度，而非色值，这个读数是满足的。

（7）如果期望测定色值，则用蓝色和黄色三色激励滤色片重复上述步骤，得到样品的黄色和蓝色反射值。需要的话，可根据下列公式将黄色、蓝色及绿色的反射值转换成C. I. E. 三色值：

$$\frac{0.8\text{ 黄值} + 0.18\text{ 蓝值}}{100} = X$$

$$\frac{\text{绿值}}{100} = Y$$

$$\frac{1.18\text{ 蓝值}}{100} = Z$$

这些数值可用下面的公式进一步转换成色度坐标：

$$x = \frac{X}{X + Y + Z}$$

$$y = \frac{Y}{X + Y + Z}$$

$$z = 1 - (x + y)$$

以 x、y 为坐标，参考图 2.2 绘制色度图。

折射仪

测量

测量物体折射光的角度。

用途

测定可溶解的组分，如糖浆、水果产品中的可溶性固形物的含量以及脂肪氢化程度。

折射仪的维护

（1）必须始终细心地保持折射仪的清洁。灰尘、油和固体物质无论在仪器的任何部分累积，都会进入轴承或铰链，引起仪器的磨损和最终的失调。操作者每次实验结束后都应将仪器所有暴露的表面彻底清洁干净。

（2）每次实验后将棱镜彻底清洁干净，不使用时将棱镜盖起来。在这种类型的仪器中，棱镜是由具有高折射率的玻璃制作的，硬度不高，因此表面容易被刮坏或腐蚀。如果灰尘堆积在光面，除去灰尘给仪器带来的损伤要比它工作很多小时所受的损伤都大。表面的破坏会导致边界线模糊，因此必须万分小心地保护棱镜表面。

（3）棱镜在使用后应立即清洗干净。首先用干净的擦镜纸擦干净，然后用蘸有水、乙醇或其它可用的试剂（不能有丙酮）的纸巾或棉签擦拭。不要将锋利的物品如刀、针等用于棱镜或其旁边的密封圈。即便是密封圈上很小的裂缝也会导致棱镜的固定受到严重损伤，从而需要维修。擦镜纸可放在封闭的容器中，使用应轻柔。彻底清洗的亚麻布也可安全使用。避免使用任何放在工作台上会积灰的亚麻布或擦镜纸。

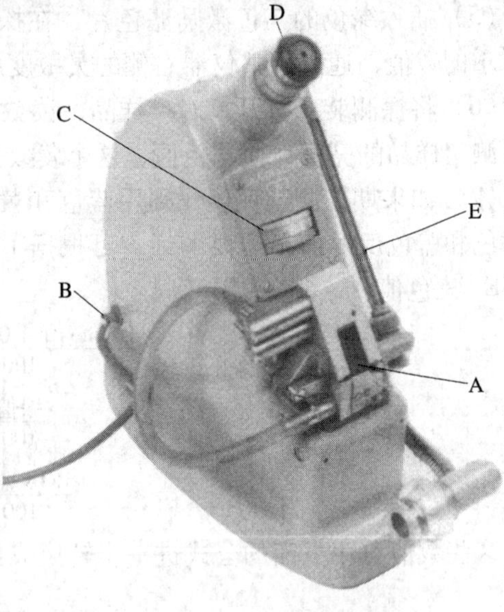

图 20.12　折射仪

操作步骤

（1）打开仪器开关。

（2）必要的话，可用温度恒定的液体循环通过棱镜室。

（3）在折射棱镜（图 20.12 A）的下部和上部棱镜之间滴加一滴样品。调整光的位置以便通过目镜能看见最大的光密度。

（4）样品放在仪器上后，设置所估计的大概刻度。按下快速接触开关（B），观察刻度。

（5）打开开关，使边界线显示出来，边界线颜色可能会比较深，靠近交叉线，通过调整刻度盘（C）的位置来补偿颜色。边界线的一边稍微显蓝色而另一边稍显红色。

（6）观察交叉线，必要的话可进行目镜（D）调焦，通过粗调和微调（旋钮在折射仪的右侧）的方式使分界线处在他们的交叉点上。

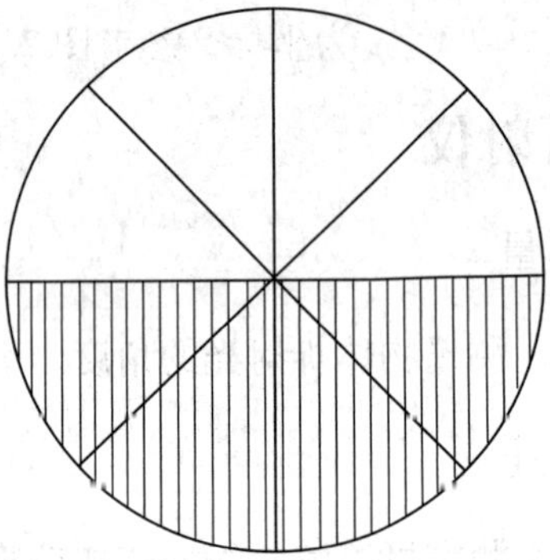

（7）按住快速接触开关，读出折射指数和总刻度。估读出四位数范围的折射率。总的可溶性固形物读数可直接读到 0.2%、估读到 0.1%。

（8）在测定液体样品时，记录所测定的折射率及测定时的棱镜温度。如果样品不是 20℃，使用校正温度计（E）调整刻度读数或查看说明书中的温度校正表。

种子置换装置

测量

体积。

用途

用于测量烘焙食品，如蛋糕、面包、饼干和松饼的体积。

操作步骤

（1）打开中间柱子和下方容器之间的小阀门（图 20.13 A），将柱子颠倒，使种子流入上部储料罐。关上阀门，将柱子重新放正。

（2）拔掉下部容器上的拴阀（B），将柱子倾斜，打开容器。

（3）如果测量一块面包的体积，将体积 900cm^3 的标准木块模型放入容器中，如果样品不是一块面包，则不用将模型木块放入容器中。把下部容器的拴阀插上。

（4）快速平滑的移动阀门，使种子填满模型木块以外的空隙。

（5）从柱子（C）上读出种子体积。柱子上种子堆积高度应该显示为 900cm^3，若不是 900cm^3 则打开储料罐的小阀门添加或除去一些种子。

（6）打开储料罐的阀门，将柱子颠倒，使其中的种子流进储料罐。轻轻拍击柱体，使黏在壁上的种子落下。关闭阀门，将柱子放正。

（7）小心地将产品用干净的塑料包裹紧密地包起来，包裹应具有样品的轮廓。

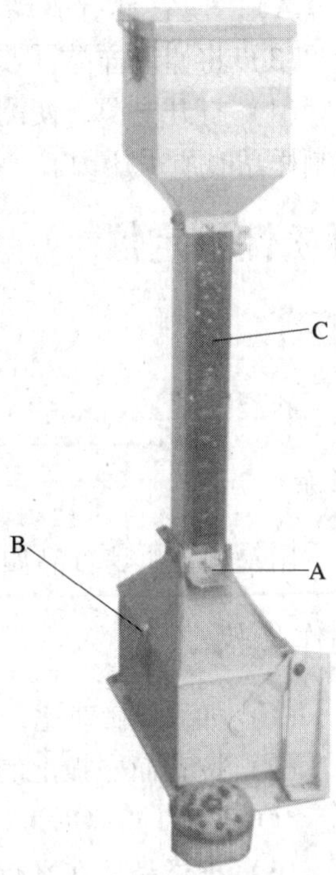

图 20.13 种子置换装置

（8）测量产品时，拔掉下部容器上的拴阀，移出木块，将包好的样品放入。待测样品的体积必须大于 900cm^3。否则，柱子中种子的高度应该加高，计算时也要相应地调整。将拴阀插上。

（9）快速平滑的移动阀门，读出柱子上的体积。如果测量的样品是一块面包，则可以直接从柱上记录体积（cm^3）。如果样品不是一块面包，而且调整体积到 900cm^3 时没有用模型木块，那么样品的读数应再减去 900cm^3。

（10）将柱子倒置，轻轻拍击使种子全部倒进储料罐。

（11）关闭阀门，将柱子放正，移走样品。

剪切力测试仪

测定

剪切食品时所需要的力。

用途

用来估测食品硬度及黏结性，经常用于肉的嫩度测量。

操作步骤

（1）用金属去心器制作同一尺寸的棒形样品（见图 20.14）。

（2）打开开关，升高仪器右侧的手柄，使刀片升高。同时在测试头上插入金属柄（A），使它具有驱动功能。切断电源。

（3）将棒形样品［步骤（1）中制作］穿过金属盘（B）上的三角口，放好。

（4）打开电源，使测试头下降，剪切样品，记录指针（C）所指的最大值，此值即为切割样品时所需压力。

酥松性测定仪

测量

断裂强度。

用途

用于测量烘焙食品如面粉糕饼、曲奇和饼干的柔软度与脆度。

操作步骤

（1）如果要做对比，样品应具有相同的尺寸，样品长度应在 6cm 左右以适合测试平台。

（2）按背面嵌板上的红色按钮启动仪器（图 20.15），调整背面嵌板上的电位计直到显示（OFFSET）（OK）。

（3）把样品架在平行的支撑杆上。

（4）当显示“INPUT?”时按下“RUN”按钮，然后一直按住，直到显示“RUNNING”。

（5）读取（FORCE = ）和（BREAKING FORCE-SPECIMEN）显示的读数，单位为克。

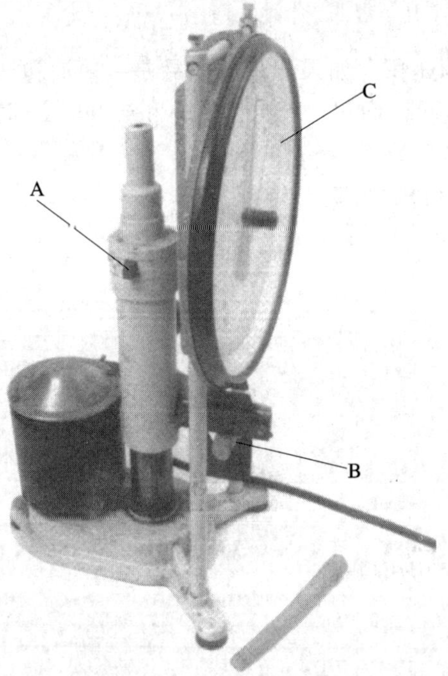

图 20.14　剪切力测试仪

图 20.15　酥松性测定仪

（6）当显示（RESTART）时一直按住“RESET”，悬臂支架会移到“TOP”的位置。

（7）不使用时把仪器关闭——关闭仪器后5s内不能再次启动。注意：支撑杆和平台必须清理（油污和碎屑会增大断裂强度）。

固体相对密度计

测量

测量已知体积的样品的质量来求相对密度。

用途

测量食品（如生奶油、蛋清泡沫、乳化的起酥剂和蛋糕糊等）中所包裹的空气的量。

操作步骤

（1）称量干燥了的容器，精确到克。

（2）在室温下向容器内装入冷却的蒸馏过的去离子水，在天平上完成装填，目测确定水平线，称取质量，精确到克。

（3）在干燥的容器中装入待测材料，不要挤压，用刮刀刮去多余的材料，将容器外壁擦干净，称取质量，精确到克。

（4）按以下公式计算相对密度：

$$\text{相对密度}=\frac{\text{装样品的容器总质量}-\text{空容器质量}}{\text{容器体积}}$$

这里，容器体积 = 水的体积 = 水的质量/水的密度 = 装有水的容器的质量 - 容器的质量。由于相对密度是物质密度与水的密度之比，因此单位为1。

分光光度计

测量

样品在某一特定波长处的吸光值。

用途

用于有色物质的定性分析和定量检测。

操作步骤

（1）顺时针旋转左边的旋钮打开仪器(图20.16)，预热15~30min，调整波长转盘设置波长。

（2）将空比色皿放入比色槽内进行仪器调零，盖上盖子，调节左边的旋钮直到显示透射率为0%，将装有试剂或者空白的比色皿放入比色槽内，调整右边的旋钮直到显示透射率为100%。改变波长时要对仪器重新调零。

（3）将含有待测样品的比色皿放入匹配的比色槽内。

（4）盖上盖子，记录吸光值（即光密度）。注意：要使用干净、配套的比色皿，用拭擦纸擦去指纹。

图 20.16　分光光度计

Stable Micro Systems 质构分析仪

测量

测量探针与任何食品之间压缩/拉伸的相互作用力。

用途

分析食品质构。

描述

质构分析仪（T. A.，图 20.17），包括一个可移动的用来压缩或者拉伸样品的十字头，一个可以测量力的负载传感器，测量食品质构的各种探针、一个数据输出系统或电脑。

图 20.17　质构分析仪

操作步骤

选择探针型号

从如下探针中选择合适的：

圆柱形——用于平面、黏性检测

圆锥形——用于柔软样品的硬度、透度、扩展性的检测

刺形——用于表皮、各层硬度检测

刀片形——用于检测断裂强度、可切性

实验操作

- 分别打开电脑、检测器和质构分析仪（开关在仪器背部的左手边）。
- 在 Windows 桌面上选择 Texture Expert 软件。
- 选择使用者并输入密码，进入程序。
- 选好探针的型号。
- 装好探针，可以通过调节仪器上的箭头和快速按钮来调整探针的高度，质构分析仪的横梁有安全停止设置，如果探针高度超过该设置，将会有信息提示错误。
- 可以通过手动将探针上移或下移来调节安全停止设置。
- 准备样品，为便于对照，所有的待测样品必须统一大小与形状。
- 选择 FILE（文件），NEW（新建），GRAPH WINDOWS（图形窗口）。
- 选择 T. A.，T. A. Setting（T. A. 设置），Load（载入）。
- 为正在测定的样品选择一个匹配的设置。
- 选择 UPDATE（更新），这会将 T. A. 的设置信息传给质构分析仪。
- 将样品放在探针下。
- 选择 T. A.，Quick Test Run（快速测试），仪器运行，屏幕上会出现一个图表。
- 分析这个图表：选择 Process Data（数据处理），Macro（宏），Run（运行）。这个选项会根据你已经建立的宏的种类，提供图表的各种结果。你可以通过计算得到峰高、峰面积等一些参数。另外一种运行宏的方法就是使用屏幕右上方的一个框，这个框里列举了一些可用的宏，点击框左边的按钮可运行选中的宏。
- 仅仅观察你感兴趣的图表，选择 VIEW（视图），GRAPH（图像），VIEW SELECTED ONLY（仅观看所选图像）。
- 此时最好记录下结果，或者可将图表和结果打印或保存。
- 在每次运行之后，关闭图表窗口，然后关闭结果窗口，每次关闭都会询问你是否保存你的结果，选择“NO”，然后你可以通过以上同样的方法运行多个不同的样品。如果你在不同的运行之间没有改变样品的种类，你可以跳过选择 T. A.，T. A. Setting，Load 这一步，直接选择 T. A.，Quick Test Run。
- 要打印的话，先打开打印机，确保其在线，然后选择 FILE，PRINT。
- 要退出和关闭的话，选择 FILE，EXIT。
- 关闭电脑硬盘、显示器、质构分析仪和打印机。

质地多面分析（TPA）

质地多面分析包括两次穿透样品和可由用户自己定义的两次穿透之间的间隔。实验所得的曲线可以提供许多信息，从而可正确判断样品的下列性质：

- 硬度：样品发生一定的变形所需要的力，TPA 曲线中最后一个峰。
- 黏聚性：用于模仿组成样品自身的内部黏合作用的量，如果黏着性＜黏聚性，探

针会保持干净，因为样品具有聚集在一起的能力。

- 弹性：变形的样品在撤去使之变形的外力以后，恢复到原来的形状的几率。
- 黏着性：用于模仿克服样品表面与探针表面之间的吸引作用的量，如果黏着性 > 黏聚性，那么部分样品就会黏在探针上面。
- 酥脆性：是材料断裂所需要的力，TPA 曲线上的第一个显著的峰的高度，高硬度低黏聚性的样品容易断裂。酥脆性也称脆度。
- 咀嚼性：用于模仿咀嚼半固体样品使之成为可吞咽的（硬度/黏聚性/黏着性）稳定状态所需的能量。
- 胶黏性：用于模仿碎裂半固体样品使之成为可吞咽的（硬度/黏聚性）稳定状态所需的能量。

游标卡尺

测量

长度。

用途

凝胶的垂度（凝胶强度的指标）。

操作步骤

（1）为测定凝胶的垂度，首先测量凝胶在容器中的高度。所有样品的对比都要在相同温度下进行。把游标卡尺的深度尺杆（A）垂直插入凝胶的中心（图 20.18）。

（2）往下推动游标卡尺的尺身（B）直至接触到凝胶表面，标记插入的深度。

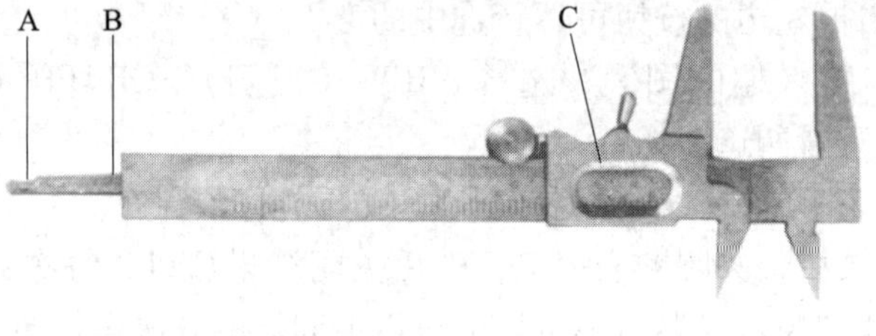

图 20.18　游标卡尺

（3）从凝胶中退出卡尺，直接在游标卡尺上（C）处读数。

（4）若游标卡尺的读数是英制单位的，使用上方的刻度。尺身的每个刻度之间的间隔为 1/16in，量爪或游标上有 8 个刻度，其长度与尺身上的 7 个刻度一样，因此游标上的每个刻度之间的长度为（7/8）×（1/16）=7/128in，尺身上的每个刻度与游标上的每个刻度之间的差值为 1/16 - 7/128 = 1/128in。记下游标上的刻度线与尺身上的刻度线重合的刻度值。将游标左边刻度上尺身的刻度数乘以 1/16in，加上游标与尺身对齐的某一刻度的刻度数乘以 1/128in，所得的数值即为游标卡尺的总数值。

（5）若游标卡尺的读数是米制单位的，使用下方的刻度。尺身上有厘米和毫米刻度，游标上的每一等分相当于（9/10）mm，游标上的一等分与尺身上的一等分相差

（1/10）mm。要得到总长度，将游标左边刻度上的尺身的刻度数加上游标与尺身对齐的某一刻度的刻度数乘以（1/10）mm，所得数值即为游标卡尺的总数值。读数也可以报告成有百分位的厘米。

（6）计算百分垂度：

$$垂度\% = \frac{在容器中的高度 - 取出后的高度}{在容器中的高度} \times 100\%$$

糊化黏度仪*

测量

测量搅拌的淀粉分散体系的表观黏度随时间和温度的变化。

用途

观测淀粉糊的行为。这个仪器主要用于淀粉糊的糊化、老化和回生的研究。

操作步骤

（1）把笔（A）调到 Brabender 仪的零位处（图 20.19），调整记录纸直到笔在 0 时间线上。

（2）向碗（B）内倒入待测浆液，将碗放入加热室（C）内，用手旋转碗到正确的位置，安装搅拌器。

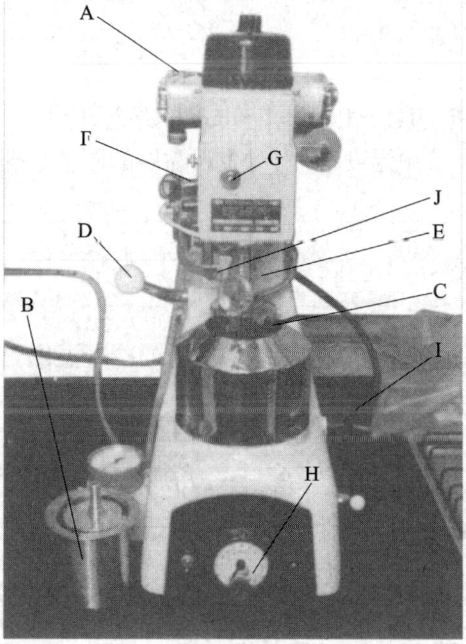

图 20.19 糊化黏度仪

* C. W. 布拉仪器公司生产。

（3）将探头向前摇动，采用按钮（D）小心地降低其位置，同时调整搅拌器的位置，采用耦合销（E）将其锁定起来。

加热阶段

（4）预设时间，升温速率 1.5℃/min，因此大部分淀粉加热需要 45～50min 左右。

（5）开启主开关（仪器右上方）。

（6）将温度调节器的变速杆（F）设定至中间。

（7）打开温度调节器的指示灯。

（8）调节温度调节器（G），使与样品温度相同。

（9）将温度调节器的变速杆设定至“UP”位置，以 1.5℃/min 的速度进行程序升温，冷却调节器应处于中间位置。

（10）按下计时器（H）上的红色按钮，开始加热，开启警报开关。

（11）旋转仪器右部的速度按钮（I），使之达到正确的转速（标准为 75r/min）。

稳定阶段

（12）重新设置 15min 时间。

（13）调整温度调节器开关（F）至零位。

（14）按下红色按钮（H），然后开启开关。

冷却阶段

（15）打开供水系统。

（16）设定温度调节器的变速杆（F）至“DOWN”位置。

（17）把冷却调节器设定至“CONTROLLED”位置。

（18）浸没冷却探针（J）。

（19）重新设置时间。

（20）按下计时器按钮（H），以 1.5℃/min 开始冷却。

所得曲线是 Brabender 仪中温度/时间对表观黏度的图，也即 Brabender 粉质曲线。

水分活度仪*

测定

基于露点的水分活度，用热电偶监测冷却镜上的冷凝温度。这与水分有关。

用途

定义食品中的水分活度：$A_w = P_{food}/P_{water} = ERH\%/100$

这里 P_{food} 为食品表面的水蒸气压，P_{water} 为纯水的蒸汽压，而 ERH 为平衡相对湿度。

操作步骤

（1）开启仪器开关（图 20.20），预热 15～60min。

* CX－2，Decagon Devices 公司生产。

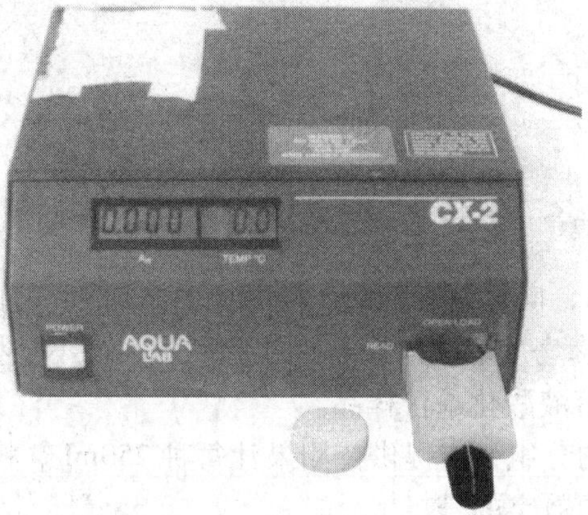

图 20.20 水分活度仪

(2) 在塑料样品盘内准备好样品，样品量不要超过样品杯的一半，盖上盖子以防止存放过程中的水分损失。

(3) 拉开样品盒，然后放入样品杯。

(4) 关上样品盒，把旋钮从“OPEN/LOAD”转至“READ”。

(5) 当连续读数误差小于 0.001 时，记录 A_w 和样品的温度，这时已经达到平衡值（<5min）。水分活度仪（CX-2）会发出哔哔声，每次测量后显示屏上的小数点会不停闪动。

(6) 拿走样品，绝对不要将样品遗忘在 CX-2 中。

附　　录

差异检验的实验准备

1．对第八章实验 6A，向编好号的 56g 样品杯中添加 15mL 的不同待测样品。

2．样品如何编号可参考实验指导或咨询实验助手，而不是将要品尝食品的学生。

3．用 5% 的柠檬酸溶液酸化果汁样品。

4．对于 16 个学生的分组，应提供待测果汁每种 250mL。将添加不同量 5% 柠檬酸果汁的样品编上 3 个阿拉伯数字的号。

编　　号	苹果汁中 5% 柠檬酸添加量/%	待测果汁体积/mL
545	0	250
390	1	250
923	1	250
517	0	250
886	0	250
792	0	250
459	1	250
609	2	250
904	3	250
534	4	250
269	1	250
919	3	250
109	2	250
512	2	250
204	0	250
843	8	250
参照	2	250

16 个学生的总果汁量

待测果汁中的柠檬酸溶液含量/%	柠檬酸溶液体积/mL	待测果汁体积/mL
0	0	1250
1	10	1000
2	20	1000
3	15	500
4	10	250
8	20	250
总和	75	4250

中国轻工业出版社食品教材书目
（截至2008年7月）

本科教材

粮食机械原理及应用技术（普通高等教育“十一五”国家级规划教材）	44.60
食品工艺学（普通高等教育“十五”国家级规划教材）	48.00
食品分析（普通高等教育“十五”国家级规划教材）	38.00
食品工程原理（普通高等教育“十五”国家级规划教材）	60.00
食品工厂设计与环境保护（普通高等教育“十一五”国家级规划教材）	39.00
食品生物技术导论（普通高等教育“十一五”国家级规划教材）	45.00
粮油食品加工工艺学（普通高等教育“十五”国家级规划教材）	35.00
食品加工机械与设备（北京市高等教育精品教材立项项目）	55.00
功能食品教程（北京市高等教育精品教材立项项目）	50.00
现代食品微生物学（北京市高等教育精品教材立项项目）	55.00
现代食品微生物学实验技术（北京市高等教育精品教材立项项目）	30.00
天然产物提取工艺学（教育部高等学校轻工与食品学科教学指导委员会推荐教材）	45.00
食品物性学（教育部高等学校轻工与食品学科教学指导委员会推荐教材）	25.00
大豆制品工艺学（第二版）（教育部高等学校轻工与食品学科教学指导委员会推荐教材）	36.00
食品物流学（教育部高等学校轻工与食品学科教学指导委员会推荐教材）	26.00
食品原料与资源学（教育部高等学校轻工与食品学科教学指导委员会推荐教材）	32.00
动植物检验检疫学（教育部高等学校轻工与食品学科教学指导委员会推荐教材）	22.00
食品毒理学（普通高等教育“十一五”国家级规划教材）	41.00
现代食品检测技术（第二版）（普通高等教育“十一五”国家级规划教材）	42.00
食品质量与安全实验技术（普通高等教育“十一五”国家级规划教材）	36.00
食品安全保藏学（第二版）（普通高等教育“十一五”国家级规划教材）	32.00
水产品安全性（普通高等教育“十一五”国家级规划教材）	36.00
食品加工中的安全控制（第二版）（普通高等教育“十一五”国家级规划教材）	43.00
食品标准与法规（食品质量与安全专业）	36.00
食品原料安全控制（食品质量与安全专业）	38.00
食品工艺学概论（食品质量与安全专业）	45.00
食品环境学（食品质量与安全专业）	35.00
食品微生物学（食品质量与安全专业）	40.00
食品免疫学（食品质量与安全专业）	35.00
食品安全学导论（食品质量与安全专业）	32.00
动植物检验检疫学（食品质量与安全专业）	48.00
食品质量与安全专业英语（食品质量与安全专业）	30.00
食品工程导论（第三版）	54.00
食品加工原理（影印版）	37.00
食品科学导论（影印版）	43.00
功能性食品学（第二版）	48.00

食品酶学	24.00
食品化学与营养学	50.00
食品安全与检测	34.00
食品安全与质量控制	30.00
食品感官评定	18.00
食品保藏学	32.00
粮油检验与分析	35.00
粮油加工概论	30.00
食品化学实验手册	20.00
乳品微生物学实验技术	32.00
天然香料加工工艺学	20.00
乳品工艺学	48.00
食品科学实验技术	18.00
大学生饮食营养与健康	22.00
食品营养与健康	12.80
食品科学导论	50.00
食品加工技术装备（第二版）	60.00
冷库建筑	36.00
果蔬采后生理生化实验指导	22.00
发酵乳制品工艺学	33.00
食品病源微生物学	59.00
合成香料工艺学	45.00
日用香精调配技术	35.00
香料分析	22.00
制冷技术与食品冷冻冷藏设施设计	35.00
食品分析实验教程	30.00
食品微生物学实验指导	25.00
食品物理化学	28.00
食品工艺实验与检验技术	28.00
现代仪器分析技术及其在食品中的应用	42.00
食品工艺学（第二版）	78.00
食品营养学（第二版）	35.00
食品分析	22.00
食品生物技术	45.00
食品质量管理学	21.80
食品加工技术装备	79.00
食品风味化学	26.00
食品化学	44.00
食品卫生学	25.00
食品研究与数据分析（第二版）	32.00
食品专业英语文选	30.00
食品微生物学	21.50
食品生物化学	29.80

食品酶学导论	18.00
食品技术原理	50.00
动物性食品加工学（面向21世纪课程教材）	45.00
肉品科学与技术	42.00
肉与肉制品工艺学	38.00
软饮料工艺学	36.00
焙烤食品工艺学	50.00
园艺产品贮藏加工学	49.00
HACCP原理与实施	46.00
食品加工原理	30.00
乳及发酵乳制品工艺学	32.00
生物化学学习指导	32.00
食品工厂机械与设备（含光盘）	58.00
蛋品加工技术	30.00
生物化学实验（工科专业适用）	22.00
高职高专教材	
焙烤食品加工技术（普通高等教育“十一五”国家级规划教材）	22.80
食品分析与检验（普通高等教育“十一五”国家级规划教材）	30.00
食品卫生与安全管理（普通高等教育“十一五”国家级规划教材）	28.00
食品营养（普通高等教育“十一五”国家级规划教材）	28.00
食品安全性与质量控制（普通高等教育“十五”国家级规划教材）	21.00
食品工厂设计（普通高等教育“十五”国家级规划教材）	22.00
果蔬加工工艺学（普通高等教育“十五”国家级规划教材）	25.00
食品检验技术（感官评价部分）	20.00
食品检验技术（微生物部分）	22.80
食品检验技术（理化部分）	30.00
食品机械与设备	28.50
食品加工技术概论	24.00
食品生物化学	26.00
肉制品加工技术	18.00
食品工程原理	30.00
软饮料生产技术	22.00
乳与乳制品检测技术	30.00
乳品微生物学	36.00
食品包装技术	26.00
食品分析技术	55.00
软饮料工艺学	28.00
食品添加剂	30.00
食品化学	25.00
食品微生物学	26.00
畜禽食品工艺学	30.00
食品掺伪鉴别检验	28.00
功能食品加工技术	26.00

食品工业企业管理	26.00
果蔬贮运学	22.00
食品生物化学	24.00
食品生物技术	22.00
食品理化与微生物检测实验	22.00
商品检验技术	28.00
食品营养与卫生学	30.00
食品掺伪鉴别检验（第二版）	36.00
西方饮食文化	25.00
药膳食疗学	28.00
面点制作技术	18.00
烹调工艺学（第二版）	29.00
面点工艺学（第二版）	26.00
中国名点（第二版）	30.00
中国名菜（第二版）（含光盘）	44.00
烹饪卫生与安全学（第二版）	45.00
烹饪化学（第二版）	35.00
烹饪营养学（第二版）	28.00
饭店厨房的设计和运作	28.00
中式面点工艺（北京高等教育精品教材立项项目）（含光盘）	38.00
烹饪器具及设备	26.00
烹饪工艺美术	24.00
饮食文化概论	25.00
烹饪原料学	48.00
西餐工艺	20.00
冷菜工艺	19.00
食品雕刻（含光盘）	20.00
饮食消费心理学	24.00
中国饮食保健学	30.00
饮品知识	26.00
餐饮企业管理	24.00
中国名点（含光盘）	38.00
宴会设计	24.00
粤菜烹饪教程	40.00
山东菜烹饪教程	18.00
西餐工艺	18.00
中职教材	
乳制品生产技术	25.00
焙烤食品工艺学	25.00
饮料生产技术	25.00
方便与休闲食品生产技术	25.00
罐头生产技术	25.00
食品微生物学	25.00

食品机械与设备	52.00
食品分析修订版	27.00
食品生物化学	18.00
食品营养与卫生	18.80
食品烘焙 MES 模块教程	42.00
烹调工艺	14.00
烹饪原料加工工艺	12.00
烹饪化学	14.00
烹饪原料	20.00
西餐烹调技术	16.50
面点工艺（含光盘）	25.00
筵席知识	12.00
饮食营养与卫生	20.00
餐饮企业经营管理	16.00
食疗保健	13.00
国家职业资格培训教程	
现代食品营养与安全（食品企业营养师培训教材）	48.00
烘焙工——初级（含面包、中式糕点、西式糕点）	22.00
烘焙工——中级（含面包、中式糕点、西式糕点）	22.00
烘焙工——高级（含面包、中式糕点、西式糕点）	22.00
烘焙工——基础知识（含面包、中式糕点、西式糕点）	39.00
烘焙工——技师（含面包、中式糕点、西式糕点）	30.00
烘焙工——高级技师（含面包、中式糕点、西式糕点）	31.00

购书办法：各地新华书店，本社网站（www.chlip.com.cn）、当当网（www.dangdang.com）、卓越网（www.joyo.com）、轻工书店（联系电话：010-65128352），我社读者服务部（联系电话：010-65241695）。